水稻纹枯病菌选择性侵染早期转录组及MAPK级联信号途径的差异分析

杨系玲 著

U0223006

哈尔滨工业大学出版社

内 容 简 介

目前水稻纹枯病在黑龙江省稻区呈现逐年加重的趋势,其主要病原包括水稻纹枯病菌融合群 AG 1－IA 和 AG 5。本书对融合群 AG 1－IA 和 AG 5 致病力和寄主选择性进行了评价,并利用高通量测序技术分析了水稻纹枯病菌融合群 AG 1－IA 和 AG 5 侵染不同寄主时的基因转录组,挖掘水稻纹枯病菌融合群 AG 1－IA 和 AG 5 与不同寄主互作过程中关键分子及致病基因,以及从基因转录组视角探究融合群 AG 1－IA 和 AG 5 在致病力和寄主选择性方面的差异性。水稻纹枯病菌 AG 1－IA 和 AG 5 在侵染不同寄主过程中,AG 5 中存在 MAPK 信号基因差异表达,而 AG 1－IA 中未发现 MAPK 信号基因差异表达。利用已公布的水稻纹枯病菌 AG 1－IA、AG 1－IB、AG 3 和 AG 8 全基因组数据构建不同融合群的 MAPK 蛋白激酶级联信号通路,确定水稻纹枯病菌不同融合群的 MAPK 通路存在一定差异。

本书可供从事相关专业的有关管理人员、科研人员、技术人员及大专院校师生参考使用。

图书在版编目(CIP)数据

水稻纹枯病菌选择性侵染早期转录组及 MAPK 级联
信号途径的差异分析/杨系玲著. —哈尔滨:哈尔滨工业
大学出版社,2024.12. —ISBN 978 - 7 - 5767 - 1818 - 8

Ⅰ.S435.111.4

中国国家版本馆 CIP 数据核字第 2024E6T821 号

策划编辑　杨秀华
责任编辑　张　颖
出版发行　哈尔滨工业大学出版社
社　　址　哈尔滨市南岗区复华四道街 10 号　邮编 150006
传　　真　0451 - 86414749
网　　址　http://hitpress.hit.edu.cn
印　　刷　哈尔滨久利印刷有限公司
开　　本　787 mm×1 092 mm　1/16　印张 8.75　字数 186 千字
版　　次　2024 年 12 月第 1 版　2024 年 12 月第 1 次印刷
书　　号　ISBN 978 - 7 - 5767 - 1818 - 8
定　　价　65.00 元

前　言

水稻纹枯病菌是一种土传性病原真菌,其寄主范围极为广泛,目前尚未发现对其高抗或免疫的水稻品种,因此,深入研究水稻纹枯病菌的致病机理,对于水稻纹枯病的防治具有重要意义。全书共分为6章,主要内容如下:

第1章对水稻纹枯病进行概述,并介绍了国内外关于病原真菌与寄主植物的互作机制,以及转录组学在病原真菌研究中应用的报道。MAPK级联信号途径在病原菌的生长、发育、繁殖及致病过程等方面起着重要作用。因此,介绍了病原真菌MAPK级联信号途径的研究进展。

第2章针对黑龙江省稻区水稻纹枯病主要病原——水稻纹枯病菌融合群AG 1-IA和AG 5的致病力及寄主选择性进行评价。AG 1-IA和AG 5菌丝形态无差异,但AG 1-IA菌核体积更大,颜色更深,质地也更为坚硬。侵染过程中AG 1-IA的菌丝在水稻叶片表面更为密集,其致病力更强。AG 1-IA能够侵染供试的63种植物,但对不同寄主植物的选择识别和致病力方面具有一定差异,其中反枝苋抗病性最强。

第3章利用高通量转录组测序技术分析水稻纹枯病菌AG 1-IA侵染不同寄主时的基因差异表达情况,挖掘关键性差异表达基因,并探究其表达模式。对AG 1-IA进行转录组测序发现,侵染水稻的AG 1-IA中有差异表达基因325个,包括49个效应子,以及105个基因与PHI数据库中已知致病基因相匹配;侵染反枝苋的AG 1-IA中有差异表达基因257个,其中包含40个效应子,以及90个基因与已知致病基因相匹配。蛋白相邻类的聚簇数据库(COG)分类发现,AG 1-IA侵染不同寄主的差异表达基因数目在能量生产与转换、碳水化合物运输与代谢,以及细胞壁/膜/包膜生物合成中存在较大差异。在AG 1-IA侵染不同寄主的差异表达基因中发现39个参与次生代谢的基因、15个碳水化合物活性酶基因、5个转录因子、11个信号途径相关基因和9个金属蛋白酶基因。选取5个与致病相关基因进行实时荧光定量聚合酶链式反应(qRT-PCR)分析,结果显示CYP450基因 $AG1IA\_05224$、C2H2型锌指蛋白基因 $AG1IA\_05521$、小G结合蛋白基因 $AG1IA\_08196$、金属蛋白酶基因 $AG1IA\_08504$ 和双组分信号基因 $AG1IA\_08726$ 在AG 1-IA侵染不同寄主过程中均上调表达,但在表达模式和表达强度上具有一定差异,说明它们可能与调节AG 1-IA对寄主侵染的选择性有关。

第4章采用高通量转录组测序技术分析水稻纹枯病菌AG 5侵染不同寄主时基因差异表达情况。不仅完成了AG 5的转录组测序,也进一步丰富了水稻纹枯病菌的组学研究内容,为系统地探究水稻纹枯病菌融合群的遗传、进化和致病性奠定了重要基础。对AG 5进行转录组测序发现,侵染水稻的AG 5中有差异表达基因366个,其中92个基因与已知致病基因相匹配;侵染反枝苋的AG 5中有差异表达基因617个,其中162个基因与已知致病基因相匹配。COG分类发现,AG 5侵染不同寄主的差异表达基因数目在碳水化合物运输与代谢和脂质运输与代谢中存在较大差异。AG 5 侵染不同寄主的差异表达基因中有 40 个次生代谢相关基因、20 个碳水化合物活性酶基因、14 个转录因子、20 个信号途径相关基因和 4 个金属蛋白酶，推测这些基因的差异表达可能与 AG 5 的寄主识别及致病性有关。

第 5 章对 AG 1—IA 和 AG 5 侵染水稻的差异表达基因进行京都基因与基因组百种全书数据库(KEGG)富集发现，AG 1—IA 中抗生素生物合成、苯基丙氨酸、酪氨酸和色氨酸的生物合成和氨基酸的生物合成通路显著富集；而 AG 5 中乙醛酸和二羧酸代谢、碳代谢和类固醇的生物合成通路显著富集。AG 1—IA 和 AG 5 在侵染水稻时差异表达基因富集的代谢通路不同，可能是造成 AG 1—IA 和 AG 5 致病力差异的原因之一。AG 1—IA 和 AG 5 侵染反枝苋时差异表达基因均在核黄素代谢和酪氨酸代谢通路中显著富集，而氮代谢和硫代谢通路显著富集仅存在于 AG 1—IA 的差异表达基因中。推测氮代谢和硫代谢可能也是导致 AG 1—IA 和 AG 5 致病性差异的重要原因。另外，分别从水稻纹枯病菌 AG 1—IA 和 AG 5 中克隆 C2H2 型锌指转录因子 *Rs1ZF* 和 *Rs5ZF*，以及 GTP 结合蛋白基因 *Rs1GA* 和 *Rs5GA*。*Rs1ZF* 基因的 cDNA 序列为 1 032 bp，含有 1 个 ZnF_C2H2 结构域；*Rs5ZF* 基因的 cDNA 序列为 882 bp，包含 2 个 ZnF_C2H2 结构域。*Rs1GA* 基因的 cDNA 序列为 735 bp，含有 1 个 Arf 结构域。*Rs5GA* 基因的 cDNA 序列 963 bp，有 1 个 RAB 结构域。

第 6 章利用已公布的水稻纹枯病菌 AG 1—IA、AG 1—IB、AG 3 和 AG 8 全基因组数据构建不同融合群的 MAPK 蛋白激酶级联信号通路，确定了水稻纹枯病菌不同融合群的 MAPK 通路存在一定差异。根据水稻纹枯病菌全基因组数据，采用生物信息学方法在水稻纹枯病菌基因组中发现 11 个 MAPKKK 基因，10 个 MAPKK 基因和 12 个 MAPK 基因。水稻纹枯病菌(taxid:456999)和 AG 3 Rhs 1 AP(taxid:1086054)基因组中存在 Fus3/Kss1—MAPK、Hog1—MAPK、Slt2—MAPK 和 Ime2—MAPK 通路。AG 1—IB(taxid:1108050)基因组中存在 Fus3/Kss1—MAPK、Hog1—MAPK、Slt2—MAPK 通路，AG 8 WAC 10335(taxid:1287689)基因组中仅存在 Hog1—MAPK 通路，而 AG 1—IA(taxid:983506)基因组中只有 2 个 MAPKKK 基因，未找到完整的信号通路。结果表明，不同融合群水稻纹枯病菌的 MAPK 信号途径存在较大差异。

由于作者水平有限，书中难免存在不足之处，敬请读者批评指正。

作 者
2024 年 10 月

缩略语表

缩写	英文全称	中文全称
AG	anastomosis group	融合群
Amp	ampicillin	氨苄西林
BLAST	basic local alignment search tool	基于局部比对算法的搜索工具
BLASTp	search protein database using a protein query	蛋白序列对蛋白库的比对
cAMP	cyclic adenosine monophosphate	$3'-5'$环腺苷酸
cDNA	complementary DNA	互补 DNA
CEs	carbohydrate esterases	碳水化合物酯酶
CWI	cell wall integrity	细胞壁完整性
DEG	differentially expressed gene	差异表达基因
CYP450	cytochrome P450	细胞色素 P450
GHs	glycoside hydrolases	糖苷水解酶
GTP	guanosine triphosphate	三磷酸鸟苷
GTs	glycosyl transferases	糖基转移酶
MAPK	mitogen activated protein kinase	促分裂原活化蛋白激酶
MAPKK	mitogen activated protein kinase kinase	促分裂原活化蛋白激酶激酶
MAPKKK	mitogen activated protein kinase kinase kinase	促分裂原活化蛋白激酶激酶激酶
PLs	polysaccharide lyases	多糖裂解酶
RIN	RNA integrity number	完整指数
RSBD	rice sheath blight disease	水稻纹枯病
ORF	open reading frame	开放阅读框
qRT－PCR	quantitative real-time PCR	实时荧光定量聚合酶链式反应

目　　录

第1章 绪 论

水稻(*Oryza sativa* L.)是世界上最重要的粮食作物之一,在全球范围内的种植面积达到 1.5 亿 hm²,约占世界可用耕种面积的 10% 以上,水稻的生产关系到全球近半数人口的温饱问题。亚洲是世界上最大的水稻生产及消费区域,每年的产量能够达到世界水稻总产量的 90% 左右。其中,我国水稻的种植面积为 2 800 万～3 200 万 hm²,约占全国粮食种植面积的 27%,稻谷的总产量能够达到 1.8 亿～2.0 亿 t,约占全国粮食总产量的 39%。近些年来,由于城市的迅速发展,人口数量日益增加,而可用耕地面积却逐渐减少,在世界范围内粮食安全问题成为重中之重。目前,由于新型栽培技术的推广及水稻品种的不断选育,粮食的产量及品质问题在一定程度上得到了解决。但是在我国每年病虫害所造成的产量损失依然超过 10%,严重情况下甚至可造成水稻减产 50% 以上。现今,我国所记录水稻病害已达到 70 多种,其中,稻瘟病、水稻纹枯病以及白叶枯病被称为我国水稻生产的三大主要病害,由于它们的发病面积大、传播范围广,危害严重,对水稻的产量及品质都造成了极大的损失。

1.1 水稻纹枯病概述

水稻纹枯病(rice sheath blight disease,RSBD)是一种世界范围的水稻病害,广泛地分布于世界各主要产稻区。在我国长江以南的产稻区发生最为普遍,一般在高温、高湿条件下最易发生。水稻纹枯病能够造成水稻无法抽穗,或抽穗后形成的秕谷较多,导致结实率下降,千粒重降低,严重时甚至造成植株倒伏或枯死,影响我国水稻的产量。近年来,由于水稻氮肥施用水平提升,种植密度不断增加,生长周期缩短,水稻植株长势过旺,茎秆软弱,抗病能力降低。同时,由于稻田间的温度高、湿度大及生物量较多等因素,形成了有助于水稻纹枯病发生的小生态环境,病害的发生最终严重制约着我国水稻产量及品质的提高。纹枯病主要引起水稻的鞘枯和叶枯,严重时容易造成倒伏,每年因水稻纹枯病危害可导致水稻产量损失达数十亿千克。近年来,水稻纹枯病的危害在我国呈现出逐年上升的趋势,在我国南方部分省份和地区由水稻纹枯病所造成的产量损失甚至超过白叶枯病和稻瘟病,俨然成为我国水稻的第一大病害。

1.1.1 水稻纹枯病的早期发现

早在 1910 年日本学者宫宅首先发现了水稻纹枯病,随后莱因金(1918)、帕洛(1926)和 Bertus(1932)分别于菲律宾、帕克以及斯里兰卡相继报道了此病害。在 20 世纪 50 年代以前,由于水稻纹枯病仅在亚洲地区发生,因此人们曾一度称之为"东方病害"。20 世纪 60 年代以后,在世界范围内陆续出现关于水稻纹枯病的报道,此病害甚至迅速扩散并传播至非洲、欧洲和美洲等地,成为一种世界性的水稻病害,对水稻生产造成了很大威胁,但东南亚稻区仍然是受害最为严重的地区。

1934 年我国著名植物病理学家魏景超教授首次报道了水稻纹枯病,但直到 20 世纪 50 年代后期由于病害急剧上升才逐渐引起重视。20 世纪 70 年代以来,在水稻的种植过程中由于氮素化肥的施用量开始逐渐增加,以及矮秆、密植的高产栽培模式得到广泛应用,水稻纹枯病的危害程度呈现逐年加重的趋势,甚至由南方稻区开始逐渐向北方发展。在 1975 年,水稻纹枯病被正式纳入全国防治对象,并且成为水稻三大病害之一。20 世纪 90 年代中期,关于我国南方稻区的调查报告中指出,水稻纹枯病的发病面积达到稻瘟病的 2.07 倍左右,所导致的产量损失约是稻瘟病的 1.97 倍,因此在我国南方的部分稻区纹枯病已经成为限制水稻生产的第一大病害。近些年来,在黑龙江省南部稻区水稻纹枯病发生面积已达到 50 万 hm^2。由于该病发生范围广,损失严重,因此引起了育种学家和病理学家的普遍重视。水稻纹枯病不仅是水稻生产过程中的一大病害,随着水旱轮作制度的广泛应用,该病已经严重危害我国南方稻区轮作的主要作物,如玉米、花生、大豆等。

1.1.2 水稻纹枯病病原菌的生物学特性和病害循环

水稻纹枯病是由真菌引发的病害,其病原菌一般分为有性态和无性态,无性态为立枯丝核菌(*Rhizoctonia solani* Kühn),而有性态则为瓜亡革菌(*Thanatephorus cucumeris* (Frank) Donk)。一般在田间的土壤及植株上,该病原真菌只表现为无性世代,是非常普遍的依靠土壤传播和种子传播的半腐生真菌。其寄主范围极为广泛,能够侵染水稻、玉米、大豆、马铃薯、棉花、小麦和烟草等 260 多种植物。立枯丝核菌不产生无性孢子,通常在土壤中以菌丝或菌核形态存活。幼嫩时期的菌丝是无色的,较细,分枝与主枝呈现锐角。菌丝细胞会随着菌龄的增长而逐渐变得粗短。老熟期的菌丝分枝与再分枝一般呈现直角,分枝的基部有明显缢缩,距分枝不远处具有分隔,菌丝一般为黄褐色至褐色。当立枯丝核菌自然衰老或者遭遇环境胁迫时,菌丝体交织纠结而形成扁球形、肾形或者不规则形的菌核,幼嫩时为白色,成熟后逐渐变为褐色或者暗褐色。单个菌核直径可达到 5 μm,菌核之间有时能够相互联合,形成团状组织。

立枯丝核菌的菌丝一般由多细胞组成,其中细胞核数量变化相对较大。菌丝在 10～42 ℃范围内均可生长,但最适生长温度为 28～32 ℃。菌丝生长的 pH 范围在 2.5～7.8 之间,但最适 pH 为 5.4～6.7。立枯丝核菌是土壤习居型真菌,主要以菌核的形式在土壤中过冬,其菌核的存活能力非常强,具有抗逆性,可在不同生态条件下安全越冬,在土壤中甚至可以存活 1～2 年,成为再侵染源或者下一年的初侵染源。菌核无休眠期和后熟期,第二年水田翻整后,土壤中的菌核有些会随之漂浮在水面上或依附在植株上,当田间相对湿度大于 90%、温度高于 17 ℃时开始萌发生成菌丝。当水稻处于分蘖期,适宜的温度及湿度能够促进菌核的萌发,进而长出菌丝。菌丝能够通过气孔或表皮侵入水稻植株的叶鞘内侧,2~3 d 后,水稻叶鞘的外表皮开始有水渍状的病斑出现,病斑开始呈暗绿色,随后病斑继续扩大呈椭圆形。严重情况下,水稻植株上的病斑相互融合,形成云纹状或不规则形状的大病斑,甚至能够造成植株叶片变黄至枯死。当环境中的湿度相对较大时,菌丝逐渐交缠形成菌核,初期为白色,慢慢变为深褐色,容易脱落。水稻纹枯病菌在侵染过程中会以侵染垫和裂状附着胞的形式在植株体内定植,除此之外还可以通过气孔侵入叶鞘细胞中。

水稻纹枯病初期大多在植株基部开始产生,病情的发展非常容易受到环境的影响,特别是氮素水平较高且湿度较大的环境。在水稻分蘖后期到孕穗期,纹枯病主要在稻株之间横向扩展,此时感病植株的数量明显增加。到了侵染后期,植株上的病斑还可以产生气生菌丝和菌核造成再侵染,导致病情蔓延。

1.1.3　立枯丝核菌的融合群分类

1969 年,Parmeter 等人根据立枯丝核菌的菌丝是否发生融合情况,首次提出了菌丝融合群(anastomosis group,AG)分类法。该分类法指出立枯丝核菌相同融合群的不同菌株,其菌丝在接触时能够发生相互融合的现象,但不同融合群的立枯丝核菌在接触时则会造成因菌丝体局部死亡而无法融合的现象。随着该观点的提出,欧洲、北美洲及澳大利亚等地区分离得到的 138 个立枯丝核菌的菌株被归纳为 AG 1~AG 4 这 4 个融合群。1987 年,Ogoshi 等根据培养性状、寄主类别以及生理生化等特性将立枯丝核菌分为种内类群(interaspecific group,ISG),其中 AG 1 融合群又详细划分为 AG 1—IA,AG 1—IB、AG 1—IC、AG 1—ID、AG 1—IE 以及 AG 1—IF 6 个亚群,典型的水稻纹枯病菌属于AG 1—IA 亚群。现阶段,依据菌丝的融合情况,将立枯丝核菌划分为 14 个融合群,即AG 1~AG 13 和 AG BI。立枯丝核菌不同的融合群之间在菌丝形态、生理状态以及致病力等方面均存在着明显的差异。从分布上来看,AG 1~AG 4 在全世界范围内均有分布,日本发现的病菌主要为 AG 1~AG 7 以及 AG BI,以色列分布的病菌属于 AG 1~AG 6,澳大利亚发现的病菌主要为 AG 8,而在我国范围内分离得到的立枯丝核菌大都属于 AG 1~AG 5 这 5 个融合群。

自 20 世纪 90 年代以来,水稻纹枯病越来越受到我国相关研究专家的重视,前人在对立枯丝核菌菌丝融合群的研究中曾指出,在我国辽宁、湖北、江西、安徽、浙江、江苏、广西等地区的水稻及玉米中分离得到的立枯丝核菌优势融合群为 AG 1—IA。甘肃地区引起马铃薯黑痣病的立枯丝核菌优势融合群为 AG 3 和 AG 5。河北地区引起棉花立枯病的优势致病菌群为 AG 4。湖北和江苏等地区发生的小麦纹枯病的立枯丝核菌融合群类型主要为 AG 2 和 AG 5。黑龙江地区发生水稻纹枯病的主要融合群为 AG 1—IA,AG 1—IC 和 AG 5。

1.1.4　水稻纹枯病菌的致病机制

前人在对水稻纹枯病菌的侵染过程进行研究时指出,毒素和细胞壁降解酶类是其主要的作用因子。病原真菌的菌丝须穿过植物细胞壁方能侵染寄主植物,为此病原真菌利用自身所产生的细胞壁降解酶,对植物细胞壁中的纤维素、木质素、糖蛋白及多糖等成分进行降解,使其软化甚至分解,最终达到侵染植株的目的。研究发现水稻纹枯病菌中的细胞壁降解酶主要分为:多聚半乳糖醛酸酶(polygalacturonase,PG)、β-1,4 内切葡聚糖酶(endo β-1,4-glucanase,Cx)、果胶甲基半乳糖醛酸酶(polymethylgalacturonase,PMG)、果胶甲基酯酶(pectinmethylesterase,PE)、滤纸酶(filter paper enzyme,FPA)、多聚半乳糖醛酸反式消除酶(polymethyl galacturonase trans-eliminase,PGTE)以及果胶甲基反式消除酶(pectin methyltrans-eliminase,PMTE)。在这 7 种细胞壁降解酶中,PG、Cx、PMG 属于纤维素酶类,PE、FPA 属于水解酶类,而 PGTE 和 PMTE 则属于裂解酶类。前人在研究中指出,水稻纹枯病菌的致病性与果胶酶和纤维素酶关系密切,这些酶能够导致细胞壁部分裂解,同时破坏叶鞘细胞的超微结构等。杨媚等人测定了水稻纹枯病菌细胞壁降解酶中 7 种常见的酶活性,并对水稻叶片进行细胞壁降解酶处理,同时测定叶片的渗透性、还原糖及相对电导率,研究发现细胞壁降解酶能够损伤水稻叶片,而叶片的损伤程度与酶液浓度有关。

前人通过研究认为在水稻纹枯病菌的致病过程中,毒素的产生具有至关重要的作用,但目前为止,毒素的具体化学成分还尚未被确定。Vidhyasekaran 等人对水稻纹枯病菌毒素进行分离和纯化,通过研究发现它是一种含有甘露醇、葡萄糖、N-乙酰半乳糖胺及 N-乙酰氨基葡萄糖的碳水化合物,同时在感病的植物叶片中也发现了这些成分。Sriram 等人研究指出,水稻纹枯病菌中毒素的主要成分是一种含有 α-葡萄糖和甘露糖的糖类化合物,并且认为病原真菌分泌毒素与其致病力相关。Aliferis 等人对水稻纹枯病菌中菌核渗出液的研究发现,渗透液是由酚类物质、羧酸类物质、碳水化合物、脂肪酸以及氨基酸组成的复杂混合物,并能对植物产生毒性作用。Barztz 等人在研究中指出,水稻纹枯病菌毒素的主要成分为苯乙酸及其衍生物邻羟基苯乙酸、对羟基苯乙酸、异位羟基苯乙酸等,此类物质能够明显抑制水稻种子的萌发及幼苗的生长,同时损伤寄主的细胞膜,造成细胞中的电解质外渗。但陈夕军等人利用薄层色谱(TLC)对水稻纹枯病菌毒素进行分析发现该毒素为糖类物质。通过利用气-质联用(GC-MS)检测,发现水稻纹枯病菌的毒素中含有葡萄糖、N-乙酰氨基甘露糖和蔗糖等糖类混合物,但不包含苯甲酸、苯乙酸及其衍生物等。

Rioux 等人研究利用抑制性消减杂交(suppression subtractive hybridization,SSH)手段筛选鉴定了一些与纹枯病菌致病相关的基因,其中 AVR-Pita 家族蛋白、ATP 结合转运蛋白、ATP 酶、糖基转移酶、Rab 类鸟苷三磷酸酶、谷胱甘肽-S-转移酶和丙酮酸羧化酶等在致病过程中具有重要作用。Zheng 等对水稻纹枯病菌 AG 1-IA 进行全基因组测序及分析,并在病原真菌侵染水稻过程中发现了一些与致病力相关的基因,这其中包含了 223 个碳水化合物活性酶、965 个可能的分泌蛋白以及与信号传导、次级代谢相关的蛋白质。通过研究认为,水稻纹枯病菌为死体营养型病原真菌,在其致病过程中主要通过糖基水解酶和一些效应子来达到侵染的目的。对水稻纹枯病菌的分泌蛋白进行提纯,然后侵染水稻叶片,获得了三种可能的效应子,分别为细胞色素 C 氧化酶装配蛋白(cytochrome C oxidase assembly protein CtaG/cox11 domain)、糖基转移酶(glycosyl-transferase GT family 2 domain)和肽酶抑制剂(peptidase inhibitor I9 domain)。这些效应子能够调控寄主植物的反应甚至造成寄主植物的细胞死亡。研究指出水稻纹枯病菌在侵染早期利用糖基水解酶类、次级代谢产物以及效应子来降低寄主植物的抗病反应,植物逐渐产生过敏反应和防卫反应,而此时与致病性相关的细胞降解酶则开始表达,并破坏植物细胞。

1.1.5　水稻纹枯病的防治

在水稻抗纹枯病育种过程中,种质资源的筛选是至关重要的一部分,繁育及推广种植抗病性品种能够有效地控制病害所带来的影响。左示敏等人以已知抗病水平的水稻品种为对照,对 299 份水稻品种进行苗期纹枯病抗性鉴定,筛选获得了 7 份抗病新种质,其中一份种质对纹枯病的抗性显著高于抗病品种 YSBR1。杨晓贺等从东北地区的 152 份水稻种质资源中进行接种水稻纹枯病菌鉴定,其中"沈农 9819"表现为中抗以上。尽管目前有部分纹枯病抗性品种能够应用于水稻的抗病育种工作中,但尚未找到能够对纹枯病达到高抗甚至免疫的种质资源。

在我国范围内,现阶段对水稻纹枯病的防治措施主要依靠化学农药。其中,抗生素类农药、唑类杀菌剂、有机砷化合物,以及甲基硫化物等普遍应用于水稻纹枯病的防治过程中。研究发现,在水稻分蘖期初期用戊唑醇与嘧菌酯(质量比为 2∶1),水稻纹枯病的防治效率能够达到 81.28%～90.32%,实现农药减量增效的目的。水稻分蘖末期施用丙硫菌唑与戊唑醇(质量比为 2∶1)对稻麦纹枯病菌具有增效作用。前人研究发现,井冈霉素(validamycin)在水稻纹枯病的防治过程中,表现出高效、低毒及对环境安全等优点,但由于长时间的施用,水稻纹枯病菌的耐药水平明显提高,在防治过程中对于井冈霉素的需求量变大,而防控效果却逐渐变差。因此,在植物病害防治过程中应尽量避免持续使用单一化学农药,减少病原菌产生抗药性的风险。

由于化学药物的污染性较大,而生物防治能够减轻生态负担,减少对环境的污染,因此受到广泛关注。目前,放线菌、芽孢杆菌、假单胞杆菌及木霉等广泛应用于植物病原菌的生物防治中。研究发现,解淀粉芽孢杆菌 YU－1 能够明显抑制水稻纹枯病菌的菌核萌发和形成,利用其对纹枯病菌的拮抗作用,YU－1 对菌丝生长的抑制率能够达到89.8%,具有进一步开发成生物农药的潜力。蜡质芽孢杆菌 AR156 对水稻纹枯病的温室防治效率能够达到 73.06%左右,对水稻植株的生长具有促进作用,同时能够明显提高水稻的防御酶活性,进而增强水稻对纹枯病的抗性。在水稻纹枯病菌发生前期或初期,施用木霉菌和芽孢杆菌混合剂防治效率能达到 68.52%,防治效率和增产率超过单一菌剂。

1.2　病原真菌与寄主植物的互作研究

植物与病原真菌之间通过长期的共同进化,形成一种相互作用关系,而这种关系非常复杂。植物利用自身的免疫系统来达到抑制和防卫病原真菌的目的,而病原真菌则通过不断发展新的途径破坏寄主相关的防卫反应。

1.2.1　植物病原真菌的致病机制

对植物病原真菌的超微结构研究发现,病原真菌通过产生入侵栓、附着胞、侵染垫、侵染钉,以及芽管等侵染结构,来达到入侵寄主植物的目的。这些侵染结构通过集中病原真菌体内的营养和能量来达到紧贴寄主植物表面的目的,此外,还能从寄主植物中汲取养分,以供病原真菌自身的生长发育。研究发现,水稻纹枯病菌 AG 1-IC 菌丝在侵染甘蓝和大豆叶片过程中菌丝顶端膨大形成叶状附着胞,此外菌丝能够纠缠膨大进而形成侵染垫结构。将草莓炭疽菌(*Colletotrichum fragariae*)的分生孢子接种到草莓叶片上发现,分生孢子能够萌发出棒状芽管,随后芽管顶端膨大分化成附着胞,待附着胞黑化能够分化成侵染钉,进而穿透寄主植物表皮达到侵染的目的。胶孢炭疽菌(*Colletotrichum gloeosporioides*)在侵染北京杨叶片过程中,其分生孢子萌发产生芽管,芽管顶端膨大形成附着胞,待附着胞壁逐渐黑色素化从中形成侵染钉穿透寄主叶片角质层或从细胞间隙进入,达到侵入的目的。

病原真菌在与寄主植物的互作过程中,除了机械入侵以外,还能通过产生细胞壁降解酶来达到入侵、定植和扩展的目的,最终完成致病过程。根据底物种类的不同,病原真菌分泌的细胞壁降解酶可分为纤维素酶、半纤维素酶、果胶酶、角质酶,以及其他种类酶如蛋白酶、淀粉酶和磷脂酶等,参与降解寄主植物的细胞壁及角质层。前人在对黑腐皮壳菌(*Valsa mali*)的研究发现,该病原真菌能够引起苹果腐烂病,在不同苹果组织培养基中均能生长,并产生细胞壁降解酶,分别为纤维素酶、木聚糖酶、β-葡萄糖苷酶、果胶甲基半乳糖醛酸酶,以及多聚半乳糖醛酸酶。对黑腐皮壳菌的菌丝体和其侵染的植物病组织进行转录组测序发现,黑腐皮壳菌在侵染过程中有 16 个细胞壁水解酶基因上调表达,对其果胶酶基因 *Vmpg3* 研究发现,该基因对黑腐皮壳菌的致病力有一定的影响。层生镰刀菌(*Fusarium proliferatum*)不同菌株水解羧甲基纤维素、柑橘果胶和淀粉的能力各不相同,综合分析病原真菌中纤维素酶的产量与菌株的定植能力呈显著正相关。

植物病原真菌中次生代谢产物在破坏寄主免疫防卫系统方面具有重要作用。植物病原真菌的次生代谢产物主要为酶、毒素和激素,其中毒素是病原真菌重要的致病因子。

次生代谢产物的合成是一个非常复杂的过程,需要多个基因共同参与调控。基因组中存在大量的转录因子,控制功能基因的转录与表达。Zn2－Cys6 型特异性 DNA 结合蛋白作为真菌中常见的特异性转录因子,通过调控相关基因簇来影响次生代谢产物的生物合成。对构巢曲霉(*Aspergillus nidulans*)的研究发现 Zn2－Cys6 型特异性转录因子 AflR 位于黄曲霉毒素生物合成的基因簇内,该基因的过表达和突变体明显影响代谢产物黄曲霉毒素的合成。

在长期进化过程中,病原真菌能够通过分泌一些效应分子(effector)来破坏寄主植物的防御机制,导致植物细胞坏死。效应子中很大一部分是来自于病原真菌的分泌蛋白,一般具有分泌信号肽,能够在侵入寄主植物细胞过程中的活体营养阶段特异表达的特点。研究发现,稻瘟病菌在病原体－寄主互作过程中能够产生效应子,效应子能够促进病害的发生,但也有一些无毒效应子引发寄主的抗性基因介导的过敏反应,阻碍病害的发生。对马铃薯疫病的病原菌研究发现,其 RXLR 型效应子 PexRD54 能够与马铃薯自噬相关蛋白 ATG8CL 结合,防止其与植物防御相关的自噬受体结合,抵抗寄主植物对致病疫霉的防御。

1.2.2　植物对病原真菌的免疫机制

自然环境中存在大量微生物,有些细菌、真菌及病毒能够直接侵袭植物,引发病害,从而影响植物的生长发育。自然进化过程中,植物通过利用自身细胞的先天免疫,以及接收侵染位置的信号传导进而形成一种免疫系统。植物在受到病原真菌的侵袭时会产生抗病型或感病型表现,这种现象主要由植物自身的免疫系统所决定。此过程包含了病原菌的致病因子、寄主植物的防御反应,以及病原菌与寄主之间的相互识别。植物的免疫系统一般分为两部分:寄主植物细胞表面的跨膜受体(pattern recognition receptor, PRR)识别病原菌表面或分泌的保守分子(pathogen－associated molecular pattern, PAMP)所引起的免疫(PAMP－triggered immunity,PTI),以及病原菌的效应子所触发的免疫反应(effector－triggered immunity,ETI)。病原菌通过分泌干扰 PTI 的效应子,进而引发效应子所引起的易感性(effector－triggered susceptibility,ETS)。在寄主植物与病原真菌的互作过程中,信号分子如钙离子流和丝裂原活化蛋白激酶等均起到了关键的调控作用。

PTI 是植物应答、抵御病原物攻击的第一道防线,属于基础免疫,能够对植物起到保护作用,避免其受到大多数病原菌的侵染。一般,常见的 PAMP 包括细菌的鞭毛蛋白、真菌的几丁质、木聚糖酶和葡聚糖酶等。而 PRR 作为细胞表面受体,在植物中通常为类受体激酶(RLK)或类受体蛋白(RLP),它们一般含有配体识别结构域(ligand－recognition domains)。病原物激活 PTI,能够引发植物产生多种防御应答,例如激活 MAPK 级联反应、水杨酸(SA)和茉莉酸(JA)信号传导途径,引起活性氧(reactive oxygen species, ROS)爆发等。

病原菌与寄主植物在长期进化过程中,通过分泌效应子到植物细胞中干扰植物的 PTI,从而抑制甚至破坏这类基础防御反应。由于病原菌效应子的产生,植物产生抗性蛋白(resistance proteins),能够直接或间接地检测出病原菌效应子的存在,并激活第二级主动防御,即病原菌效应子诱导的免疫。植物抗性蛋白与病原菌效应子之间的功能关系在遗传上表现为"基因对基因"的相互作用。植物通过进化产生具有特异性的抗病基因(resistance genes,R),能够识别病原菌的效应子,并启动抗病基因参与介导的 ETI。植物体内的抗病基因能够编码各类 NB-LRR 蛋白,含有核酸结合位点(nucleotide binding stie,NBS)以及富含亮氨酸的区域(leucine rich repeat,LRR),直接或间接地识别效应子激发下游的抗病反应。与 PTI 相比,ETI 更为快速和强烈,一般表现为过敏性坏死反应(hypersensitive cell death response,HR),即植物在病原菌侵染点周围快速的细胞程序性死亡(programmed cell death,PCD),进而抑制病原菌在寄主体内的定植与扩展。

1.3 转录组学在病原真菌研究中的应用

1.3.1 转录组学研究概述

近些年来,由于功能基因组学研究技术的日益发展和完善,转录组(transcriptome)学、蛋白质组学以及代谢组学等在功能基因、生物学性状的分子机制的研究中得到了广泛应用。其中,转录组学是一门在整体水平上研究细胞中基因转录情况及转录调控规律的学科,并且随着高通量测序技术的发展而得到了极大的推动。

转录组即细胞所转录的全部 mRNA 表达的基因及表达水平。从基因组 DNA 转录出的 mRNA 是蛋白合成的第一步,当细胞所处环境发生改变或受到侵犯时其形态和生理状况都会发生改变,这些均由基因表达的不同所引起。通过分析不同处理中基因的表达程度,能够帮助人们了解基因编码蛋白的活性和生理活动,进而明确基因的功能。转录组分析能够从整体水平上研究细胞中基因转录本的种类、结构、功能以及转录调控规律,从而获得该物种生理生化等方面的信息,并改变了单个基因的研究模式。

1.3.2 转录组测序在植物病原真菌研究中的应用

目前,伴随着技术的发展,高通量测序技术被广泛应用于生物科学中。利用转录组测序(RNA sequencing,RNA-seq)手段,能够对植物病原真菌的转录本、基因进行快速功能注释,对编码序列(CDS)进行预测、发掘新的基因和转录本、识别选择性剪接基因,并获得基因表达及富集等结果,进而深入了解细胞生长发育和致病机制。

对大丽轮枝菌(*Verticillium dahliae*)不同毒力菌株 V991w 和 V991b 进行转录组测序分析,发现在低毒力菌株 V991w 中下调基因参与疏水蛋白、黑色素、黄曲霉毒素以及膜蛋白等物质的产生,与其发病机制及耐药性有关。对稻粒黑粉病菌(*Tilletia horrida*)

侵染过程进行转录组测序,研究发现脂肪酸代谢和过氧化物酶体在稻粒黑粉病菌侵染过程中具有关键作用,一些编码碳水化合物酶、分泌蛋白及真菌－植物互作蛋白的基因在侵染过程中显著上调,推测其可能为重要的致病因子。通过转录组测序分析经丙环唑处理过的根腐叶枯病菌(*Cochliobolus sativus*)高分辨率基因表达图谱,鉴定出贝壳杉烯氧化酶(ent－kaurene oxidase)和孢子萌发蛋白是真菌中的唑类新靶标。对甘蔗鞭黑粉菌进行转录组测序发现,不同致病力菌株的差异基因的京都基因和基因组百科全书数据库(KEGG)通路多与蛋白的合成、运输和代谢相关。对不同毒力的小麦条锈菌(*Puccinia striiformis*)进行转录组测序分析,发现差异表达基因主要参与氧化磷酸化、淀粉和糖代谢等通路,表明植物病原真菌产孢可能受到糖代谢系统的调控。在水稻纹枯病菌 AG 1－IA 的菌核发育过程中,差异基因参与次生代谢产物的生物合成、黑色素的生物合成、泛素过程、自噬和活性氧代谢。水稻纹枯病菌 AG 3－PT 与马铃薯互作过程中,3 dpi 时主要诱导编码肽酶的基因表达,8 dpi 时细胞壁水解酶基因表达最强。水稻纹枯病菌 AG 1－IA 在侵染大豆过程中,差异表达基因揭示了抗生素生物合成、氨基酸和碳水化合物代谢及抗氧化剂产生的分子途径的变化。对立枯丝核菌 AG 1－IA 侵染结缕草根系早期进行转录组测序,发现基因 *HOG*1、*KPP*4、*RIC*8、*PKA*1、*ABC*3/4、*HYR*1 和 *Skn*7 涉及对寄主环境信号感知和真菌胁迫耐受性。大量的研究指出,转录组测序在真菌的致病研究中能够帮助人们阐明植物与病原真菌的互作机制。

1.4　MAPK 级联信号途径在真菌中的研究

当生物体细胞膜或细胞内受体接收到胞外刺激信号后,通过细胞内信号分子的级联传递功能,来诱导细胞内能够引起各种生理生化反应所需基因的表达,最终完成细胞信号传导过程。因此,信号传导途径对于调控细胞的生长发育以及响应外界环境刺激具有重要的作用。促分裂原活化蛋白激酶(mitogen－activated protein kinase,MAPK)级联信号途径广泛存在于各类真核生物(酵母、植物、哺乳动物)中,参与各类胞外信号的传导及发育过程的调控,起到承上启下及整合、放大和传递信号的作用。MAPK 级联信号途径由促分裂原活化蛋白激酶激酶激酶(mitogen－activated protein kinase kinase kinase,MAPKKK)、促分裂原活化蛋白激酶激酶(mitogen－activated protein kinase kinase,MAPKK)和 MAPK 三级蛋白激酶共同组成。当细胞内相应的受体感知到外源信号后,利用多种机制激活 MAPKKK,然后通过 SxxxS/T 基序的丝氨酸以及丝氨酸/苏氨酸磷酸化激活下游的 MAPKK,紧接着 MAPKK 经 TxY 基序的苏氨酸/酪氨酸磷酸化激活MAPK,将信号级联传递下去,活化的 MAPK 可以通过磷酸化下游的蛋白激酶及转录因子等,促使细胞对外源信号产生特定的生理反应。

　　MAPK 信号通路是调控酵母(*Saccharomyces cerevisiae*)生命过程中的重要信号途径之一。已知在模式生物酿酒酵母中至少存在 5 条 MAPK 信号途径,即 Kss1、Fus3、

Hog1、Slt2 和 Smk1,它们分别参与调控菌丝的生长、有性交配、高渗反应、细胞壁的完整性和子囊孢子的形成等生长发育过程。但植物病原真菌中 MAPK 信号途径与酿酒酵母中 MAPK 信号途径存在着明显的差异。在植物病原真菌中,Fus3 与 Kss1 途径存在部分功能冗余,所以将 Fus3 与 Kss1 途径归为同一类,而 Smk1 信号途径在植物病原真菌中并未被发现。因此,植物病原真菌中 MAPK 级联信号途径通常被划分为 3 类,其中 Fus3/Kss1－MAPK 途径主要参与调控病菌的交配反应、附着胞的形成、菌丝侵袭等过程;Hog1－MAPK 途径是介导胞外高渗反应的渗透压甘油通路;Slt2－MAPK 途径则是参与细胞壁完整性的级联反应。

1.4.1　调节交配生长和菌丝侵袭的 Fus3/Kss1－MAPK 信号途径

Fus3/Kss1－MAPK 级联信号途径主要参与调控附着胞的发育以及病原真菌的侵入过程。在酵母菌目中,如棉阿舒囊霉(*Ashbya. gossypii*)、乳酸克鲁维纹联酵母(*Kluyveromyces. lactis*)以及白色念珠菌(*Candida albicans*)含有 Fus3 和 Kss1 同源基因,但大多数的丝状真菌中仅含有 Fus3 或 Kss1 其中一个 MAPK 基因。该信号通路依赖于同源肽信息素与 G 蛋白偶联受体 Ste2 或 Ste3 的结合,抑制 G 亚基 Gpa1 从 Ste4 和 Ste18 中分离,并激活 Gβ 和 Gγ 亚基。被激活的 Gβ 亚基与支架蛋白 Ste5 和 Ste20 是激活 Ste11(MAPKKK)－Ste7(MAPKK)－Fus3/Kss1(MAPK)级联信号途径的关键因子,最终激活下游细胞周期依赖激酶抑制剂 Far1 和转录因子 Ste12,参与调控交配反应的进行。稻瘟病菌(*Magnaporthe grisea*)依靠附着胞作为主要侵染结构,利用细胞膨压来产生附着胞以达到侵染植株的目的。*PMK1* 基因缺失突变体不能形成附着胞,在有机械损伤的水稻组织中无法定植,说明该基因不仅参与早期的穿透侵染,也关系到后期侵入菌丝生长发育。

玉米黑粉病菌(*Ustilago maydis*)中参与调节交配及致病的信号通路已得到广泛研究。同源肽信息素与受体间发生交配识别信号,引起下游 MAPK 级联途径的激活,包括 MEKK Kpp4/Ubc4、MEK Fuz7/Ubc5 和 MAPKs Kpp2/Ubc3。其中,Fuz7 作为酵母 Ste7 的同源基因,参与调控菌丝的生长、孢子的形成及萌发等。对炭疽病菌(*Colletotrichum orbiculare*)的研究发现,MAPKKK 基因 *MEKK*1 和 MAPK 基因 *Cmk*1 参与附着胞的形成。有些植物病原真菌不形成附着胞,需要借助于其他方式来达到侵染寄主的目的。在小麦致病菌禾生球腔菌(*Mycosphaerella graminicola*)中,MAPK 类 *Fus3* 基因敲除突变体不能穿透植株气孔。在谷类病原菌颖枯壳针孢菌(*Stagonospora nodorum*)中,*Mak2* 基因缺失后,突变体菌株能够从植株表面的气孔侵入,但由于不能在叶肉中产生侵染结构,会丧失致病能力。

1.4.2　介导高渗反应的渗透压甘油途径 Hog1－MAPK 级联信号途径

Hog1－MAPK 级联信号途径首先在酿酒酵母中被发现,它能够维持细胞内外渗透压,控制细胞形态转换以及参与调控植物病原真菌的高温、高渗等逆境胁迫反应。在处于外界的高渗条件胁迫下,甘油合成酶相关基因被激活发生转录,细胞内合成并积累大量的甘油,使细胞处于较高的膨压下来维持细胞内外渗透压平衡,从而使细胞能够进行正常的生理代谢。在植物病原真菌中,Hog1－MAPK 级联信号途径主要参与调控外界的刺激反应,以及植物病原真菌生长分化、形态构成、次生代谢、毒力和抗药性等过程。该信号途径由上游感应渗透信号的 Sln1p 和 Sho1p,以及下游保守的 MAPKKK－MAPKK－MAPK 级联信号系统组成。在 Hog1－MAPK 级联信号途径中,Ssk2 或 Ssk22 发生磷酸化并激活 Pbs2,进而活化 Hog1 介导细胞外高渗透压诱导反应。不同于其他两种 MAPK 信号途径,Hog1 同源基因在不同的植物病原真菌中致病机理差异较大。

对胶孢炭疽病菌(*Colletotrichum gloeosporioides*)的研究发现,Sho1 同源基因 *CgSho1* 参与调控病原真菌的营养生长、孢子的产量、氧化应激反应、渗透压胁迫以及致病性等生理过程。在橡胶树白粉病菌(*Oidium heveae*)中,Pbs2 同源基因 *OhPbs2* 参与调控病原真菌的营养生长、氧化应激,渗透压响应,以及细胞壁的形成。香蕉枯萎病菌(*Fusarium oxysporum*)中,*FoHog1* 基因参与调控病原真菌的菌丝生长、分生孢子的形成、渗透压胁迫以及致病过程。稻瘟病菌 Hog1 同源基因 *OSM1* 参与高渗反应,但对病原真菌的附着胞及分生孢子的产生并无影响。玉米大斑病菌(*Setosphaeria turcica*)中 *STK1* 基因参与渗透调节。烟曲霉菌(*Aspergillus fumigatus*)中 Hog1－MAPK 信号通路是调控真菌适应外界胁迫的关键因素,同时调节病原真菌的毒性作用。

1.4.3　调整细胞壁完整性的 Slt2－MAPK 级联信号途径

Slt2－MAPK 级联信号途径主要参与细胞壁完整性(cell wall integrity,CWI)并促进细胞壁的生物合成。这一信号传导途径包括细胞膜感受器 Mid2、Wsc1、Wsc2、Wsc3、Hsc77、Slg1 及其下游调节因子 Rho1,蛋白激酶 C1(Pkc1),MAPK 级联信号通路及其下游的效应器。其中,MAPK 级联信号通路包括 Bck1(MAPKKK)、Mkk1/Mkk2(MAPKK)和 Slt2(MAPK)。在植物病原真菌中,Rho1 激活 Pkc1,然后 Bck1 发生磷酸化,进而激活 Mkk1/Mkk2,随后被磷酸化的 Slt2 通过激活转录因子产生一系列细胞应答。Slt2－MAPK 级联信号途径参与对外界环境信号的响应,并通过控制应激反应而改变细胞壁成分的比例。

研究表明,稻瘟病菌中 Slt2 同源基因 *MPS1* 突变体菌株形成的附着胞无法侵入植株表皮形成具有侵染性的菌丝,对细胞壁溶解酶高度敏感。炭疽病菌(*C. lagenarium*)Slt2 类 MAPK 同源基因 *MAF1* 参与早期附着胞的形成。在麦角菌(*Claviceps purpurea*)中,*CPMK2* 基因影响菌丝侵染寄主,且突变体菌株在植株体内的定植能力受限。禾谷镰孢菌(*Fusarium graminearum*)中 *MGV1* 基因与有性杂交中的雌性生殖有关,控制植物的侵染,且基因缺失突变体对细胞壁降解酶高度敏感。对玉米弯孢叶斑病菌(*Curvularia lunata*)研究发现,*Clm1* 基因与弯孢叶斑病菌细胞壁完整性及致病性有着密切的联系。

小麦壳针孢叶枯菌（*Mycosphaerella graminicola*）中 *MgSlt2* 基因与突变菌株产孢量显著降低，致病性减弱。希金斯炭疽病菌（*Colletotrichum higginsianum*）中 MAPK 基因 *ChMK1* 参与病原真菌的生长、细胞壁完整性，影响菌落色素的形成及致病性。在交链格孢菌（*Alternaria alternata*）的研究中 *AaSLT2* 基因与病原真菌的致病性相关，参与维持细胞壁的完整性及菌丝的生长，其突变体菌株分生孢子及黑色素积累减少。Pujol－Carrion 等在对酵母（*S. cerevisiae*）的研究中发现，由过氧化氢引起的氧化应激造成细胞中铁离子平衡发生变化，引起肌动蛋白细胞骨架退极化及液泡破碎，而 Slt2 蛋白的超表达能够弥补这些缺陷。

1.5 目的与意义

水稻是世界上重要的粮食作物之一，然而水稻病害严重制约着其优质高产，成为限制水稻生产的重要因素。水稻纹枯病是由立枯丝核菌侵染而引起的一种世界性水稻病害，在我国各大稻区均有发生。近年来，黑龙江省该病的发生呈现上升趋势。在自然选择压力下，病原真菌和植物长期维持着协同进化关系，植物不断进化使其自身发生相应的结构、生理生化和基因方面的变化以抵御病原菌侵染，与此同时病原菌不断形成新的致病策略以提高其致病性。病原菌与植物在这种长期相互选择和相互适应下，不仅导致了植物在抗病性方面的多样化，也使得病原菌的致病性呈现多样性特征。因此，研究病原菌与植物互作机理对解析不同病原菌的致病力分化机制和寄主选择性具有重要意义。关于立枯丝核菌不同融合群间的致病力分化机理以及寄主选择性机制并不清楚，相关研究也较少。此外，目前关于融合群 AG 5 的研究相对极少，其全基因组和转录测序工作也未开展。本研究开展 AG 5 的转录组测序工作也将进一步丰富水稻纹枯病菌的组学研究内容，同时也能够为系统地研究水稻纹枯病菌的融合群遗传、进化和致病性奠定重要基础。

本书以从 63 种植物中筛选出相对抗性最强的植物反枝苋和感病水稻品种垦粳 1501 作为研究材料。利用 RNA－seq 技术对侵染不同寄主叶片的水稻纹枯病菌 AG 1－IA 和 AG 5 的转录组进行分析。通过对差异表达基因进行功能注释及生物信息学分析，挖掘水稻纹枯病菌潜在的致病基因，通过分析 AG 1－IA 和 AG 5 与水稻和反枝苋互作过程中关键分子及信号通路，对于探究 AG 1－IA 和 AG 5 的致病分化机理和寄主选择性机制具有重要作用，同时对水稻抗病品种的改良和发展新型的水稻纹枯病防控策略也具有重要的指导意义。

从转录组测序结果中发现，水稻纹枯病菌 AG 1－IA、AG 5 与水稻和反枝苋互作中可能涉及 MAPK 级联信号途径。MAPK 级联信号途径在植物病原真菌的生命过程中具有不可或缺的作用，并且在一些植物病原真菌的致病过程中起关键性作用。而目前对水稻纹枯病菌的 MAPK 级联信号途径功能并不清楚。因此，本书对水稻纹枯病菌融合群

AG 1－IA、AG 1－IB、AG 3 和 AG 8 的 MAPK 级联信号通路进行构建,为研究 MAPK 信号通路在水稻纹枯病菌致力分化和寄主选择中的作用提供理论依据。

1.6 主要内容

1.6.1 水稻纹枯病菌 AG 1－IA 和 AG 5 的致病力分析及寄主选择

对水稻纹枯病菌 AG 1－IA 和 AG 5 的生物学特性进行分析,通过水稻相对病斑高度法来评估 AG 1－IA 和 AG 5 的致病力。利用水稻纹枯病菌 AG 1－IA 侵染 63 种植物叶片,筛选感病程度最低的寄主植物进行后续转录组测序试验。

1.6.2 水稻纹枯病菌 AG 1－IA 侵染不同寄主早期的转录组分析

利用高通量测序技术,对水稻纹枯病菌 AG 1－IA 侵染水稻和反枝苋叶片 22 h 时收集菌丝进行转录组测序,并对获得的差异表达基因进行功能注释和富集分析,对水稻纹枯病菌 AG 1－IA 中效应子、与致病相关基因、次生代谢相关基因、碳水化合物活性酶基因、转录调控因子、信号途径相关基因和金属蛋白酶基因进行统计分析。选取与致病相关的基因在侵染不同寄主过程中进行 qRT－PCR 分析。

1.6.3 水稻纹枯病菌 AG 5 侵染不同寄主早期的转录组分析

在水稻纹枯病菌 AG 5 侵染水稻和反枝苋 22 h 时收集菌丝进行转录组测序,对获得的差异表达基因进行功能注释和富集分析,并对水稻纹枯病菌 AG 5 中与致病相关的基因、次生代谢相关基因、碳水化合物活性酶基因、转录调控因子、信号途径相关基因和金属蛋白酶基因进行统计分析。

1.6.4 水稻纹枯病菌 AG 1－IA 和 AG 5 侵染早期差异表达基因的比较分析

对水稻纹枯病菌 AG 1－IA 和 AG 5 侵染水稻的转录组数据,以及 AG 1－IA 和 AG 5 侵染反枝苋的转录组数据中的差异表达基因进行 KEGG 通路富集比较分析。

1.6.5 水稻纹枯病菌 C2H2 型锌指转录因子和 GTP 结合蛋白的克隆与分析

对水稻纹枯病菌 AG 1－IA 和 AG 5 中 C2H2 型锌指转录因子 *Rs1TF* 和 *Rs5TF*,以及 GTP 结合蛋白基因 *Rs1GA* 和 *Rs5GA* 进行克隆和生物信息学分析。

1.6.6 不同融合群水稻纹枯病菌 MAPK 级联信号途径建立

参照酿酒酵母中的 MAPK 级联信号途径,根据已公布的 5 个水稻纹枯病菌全基因组数据,利用同源搜索法获得相关蛋白序列。对获得的蛋白进行结构域、保守位点分析,多重序列比对及系统进化分析,预测水稻纹枯病菌不同融合群中 MAPK 级联途径模型。

1.7 技术路线

技术路线如图 1.1 所示。

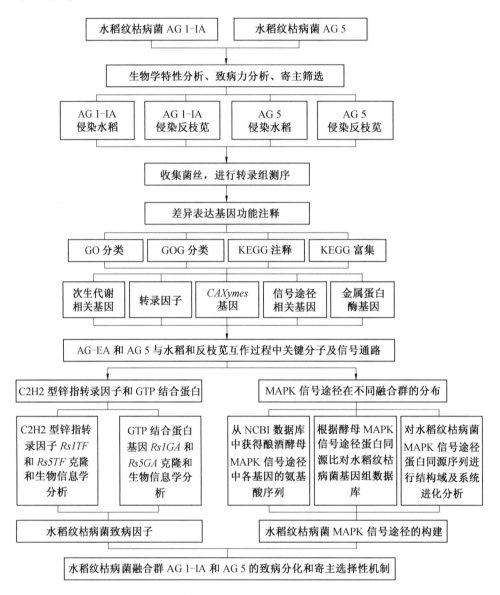

图 1.1 技术路线

第2章 水稻纹枯病菌 AG 1－IA 和 AG 5 的致病力分析及寄主的选择

2.1 试验材料

2.1.1 菌株

水稻纹枯病菌 AG 1－IA($R. solani$ AG 1－IA)、水稻纹枯病菌 AG 5($R. solani$ AG 5)由黑龙江八一农垦大学生物农药实验室保存。AG 5 分离自黑龙江省密山市稻区感染纹枯病水稻。

2.1.2 植物材料

(1)水稻品种。

供试水稻品种分别为:空育131、龙粳17、龙粳20、龙粳21、龙粳24、龙粳25、龙粳26、龙粳29、龙粳30、龙粳31、龙粳39、龙粳43、龙粳46、龙粳47、龙粳50、龙粳51、龙粳52、龙粳53、龙粳54、龙粳57、龙粳58、龙粳59、龙粳60、龙粳61、垦粳5、垦粳6、垦粳7、垦粳8 及垦粳1501,由黑龙江八一农垦大学农学院提供。

(2)寄主植物筛选。

利用水稻纹枯病 AG 1－IA 对 63 种植物进行寄主筛选,所用寄主植物名称见表2.1。

表 2.1 寄主植物名称

植物	拉丁名	植物	拉丁名
水稻	$Oryza\ sativa$ L.	艾蒿	$Artemisia\ argyi$ Levl. et Van.
玉米	$Zea\ mays$ L.	稗草	$Echinochloa\ crusgalli$ (L.) Beauv.
小麦	$Triticum\ aestivum$ L.	草地风毛菊	$Saussurea\ amara$ (L.) DC.
大豆	$Glycine\ max$ (L.) Merr.	刺儿菜	$Cirsium\ setosum$ (Willd.) MB.
圆叶碱毛茛	$Halerpestes\ cymbalaria$ (Pursh.) Green.	打碗花	$Calystegia\ hederacea$ Wall. ex. Roxb.
还阳参	$Crepis\ rigescens$ Diels.	丁香	$Syringa\ oblata$ Lindl.
鹤虱	$Lappula\ echinata$ Gilib.	旋复花	$Inula\ japonica$ Thunb.
红瑞木	$Swida\ alba$ Opiz.	灰菜	$Chenopodium\ album$ L.

续表2.1

植物	拉丁名	植物	拉丁名
接骨木	*Sambucus williamsii* Hance	锦带花	*Weigela florida*（Bunge）A. DC.
苣荬菜	*Sonchus arvensis* L.	山莴苣	*Lagedium sibiricum*（L.）Sojak.
连翘	*Forsythia suspensa*（Thunb.）Vah.	山杏	*Armeniaca sibirica*（L.）Lam.
旱柳	*Salix matsudana* Koidz.	山丁子	*Malus baccata*（L.）Borkh.
萝藦	*Metaplexis japonica*（Thunb.）Makino.	雀稗	*Paspalum thunbergii* Kunth ex steud.
楔叶绣线菊	*Spiraea canescens* D. Don.	榆树	*Ulmus pumila* L.
榆叶梅	*Prunus triloba var. truncata* Kom.	并头黄芩	*Scutellaria scordifolia* Fisch. ex Schrenk.
东北堇菜	*Viola mandshurica* W. Bckr.	银中杨	*Populus alba* L.
扁蓄	*Polygonum aviculare* L.	凹头苋	*Amaranthus lividus* L.
大籽蒿	*Artemisia sieversiana* Ehrhart ex Willd.	朝天委陵菜	*Potentilla supina* L.
大狗尾草	*Setaria faberii* Herrm	谷莠子	*Setaria viridis*（L.）Beauv.
金狗尾	*Setaria glauca*（L.）Beauv.	金银花	*Lonicera japonica* Thunb.
马兰	*Kalimeris indica*（L.）Sch. Bip.	羊草	*Leymus chinensis*（Trin.）Tzvel.
毛连菜	*Picris hieracioides* L.	糖槭	*Acer saccharum* Marsh.
苜蓿	*Medicago sativa* L.	野豌豆	*Vicia sepium* L.
鼠掌草	*Geranium sibiricum* L.	月见草	*Oenothera biennis* L.
树锦鸡儿	*Caragana arborescens* Lam.	毛萼麦瓶草	*Silene repens* Patr.
水蒿	*Artemisia selengensis* Turcz. ex Bess.	羊蹄	*Rumex crispus* L.
独行菜	*Lepidium apetalum* Willd.	反枝苋	*Amaranthus retroflexus* L.
垂果南芥	*Arabis pendula* L.	车前	*Plantago asiatica* L.
芦苇	*Phragmites communis*（Cav.）Trin. ex Steud.	益母草	*Leonurus japonicus* Houtt.
马蔺	*Iris lactea* Pall. var. *chinensis*（Fisch.）Koidz.	蔓委陵菜	*Potentilla flagellaris* Willd. ex Schlecht.
京桃	*Amygdalus persica* L. var. *persica* f. *rubro−plena* Schneid.	辽东水蜡树	*Ligustrum obtusifolium* Sieb. subsp. *suave*（Kitagawa）Kitagawa.
附地菜	*Trigonotis peduncularis*（Trev.）Benth. ex Baker et More.		

2.1.3　培养基及常规试剂的配制

(1)PDA 培养基。马铃薯 200 g,葡萄糖 20 g,琼脂粉 15 g,蒸馏水定容至 1 L,分装后 121 ℃高压灭菌 20 min。

(2)PD 培养基。马铃薯 200 g,葡萄糖 20 g,蒸馏水定容至 1 L,分装后 121 ℃高压灭菌 20 min。

(3)棉兰乳酸酚染色剂。结晶酚 20 g,乳酸 20 mL,甘油 40 mL,甲基蓝 0.05 g,蒸馏水 20 mL。

2.1.4　主要仪器

电热恒温培养箱(DRP－9162)、Olympus BX60 多功能生物显微镜(日本奥林巴斯株式会社)、高压灭菌锅、HDL 超净工作台。

2.2　试验方法

2.2.1　水稻纹枯病菌的培养及染色

将水稻纹枯病菌 AG 1－IA 和 AG 5 分别接种至马铃薯葡萄糖琼脂(PDA)培养基,27 ℃条件下培养 3 d 后,在菌丝边缘部位用直径为 5 mm 的打孔器打取菌饼,转移至新的 PDA 培养基上,27 ℃恒温静置培养 2 d、3 d、4 d、6 d 和 15 d 后,观察菌落形态并拍照记录。

将直径 5 mm 的菌饼接种至新的 PDA 培养基上 27 ℃恒温培养 2 d,每 12 h 用十字交叉法测量菌落直径,绘制菌丝生长曲线。每个处理设置 5 个重复。

将灭菌的盖玻片呈 30°角斜插至 PDA 培养基表面,分别接种 AG 1－IA 和 AG 5,27 ℃恒温培养 2 d。取出盖玻片,将盖玻片长有菌丝体的一侧用适量棉兰乳酸酚染色剂染色 5 min,用蒸馏水将多余的染色液洗脱,然后置于显微镜下观察水稻纹枯病菌 AG 1－IA 和 AG 5 的菌丝形态并拍照记录。

将水稻叶片剪成 3 cm 左右,用 70%乙醇进行表面消毒,然后用无菌水冲洗 2～3 次,置于铺有湿润滤纸的培养皿中。将水稻纹枯病菌 AG 1－IA 和 AG 5 的菌丝块分别接种在水稻叶片上,置于 27 ℃人工气候箱中培养 24 h。培养结束后将叶片置于玻璃试管中,加入 2 mL 脱色液(95%乙醇∶冰醋酸的体积比为 3∶1),每 12 h 更换一次,处理 36 h 后用棉兰乳酸酚染色剂染色 5 min,用蒸馏水洗去多余染色液,然后将染色后的叶片置于光学显微镜下观察并拍照。

2.2.2　水稻纹枯病菌致病力的测定

将水稻稻秆用刀片切成长约 1 cm、宽约 1 mm 的细针状,于高温高压灭菌后,用马铃薯葡萄糖(PD)培养基浸泡后平铺于 PDA 培养基平板上,分别接种水稻纹枯病菌 AG 1－IA 和 AG 5。待稻秆表面布满菌丝后(2～3 d)用作接种物。将布满菌丝的稻秆插入 4 叶期水稻幼苗第二叶的叶鞘中,操作过程中要小心避免植株受损。在生长室中搭建长、宽、高分别为 60 cm、45 cm 和 50 cm 的支架,支架整体罩上塑料膜构建独立密闭环境。塑料棚中放入盛有适量水的托盘,将接种后水稻幼苗置于托盘上。处理过程中保持土壤表面湿润但无积水,塑料棚中温度保持在 25～30 ℃,相对湿度控制在 80%～85%。期间观察菌丝的生长及其在叶鞘上的致病情况。接种后 7 d,取样调查病情,计算各水稻材料在接种水稻纹枯病菌 AG 1－IA 和 AG 5 的病情指数。测量水稻幼苗的病斑长度和苗挺高(即土表至秧苗拉直后最高叶尖的距离)。根据公式"相对病级＝(病斑高度/苗挺高)×9"来计算水稻幼苗的相对病级。以 20 株水稻幼苗的相对病级平均数作为致病力的鉴定指标。

2.2.3 寄主筛选

取不同植物叶片在 1% 的次氯酸钠溶液中浸泡 3 min 后,用灭菌水冲洗,然后浸入到 70% 的乙醇中 10 s,经灭菌水冲洗 2 次后,用灭菌滤纸吸干表面水分,将其置于铺有湿润滤纸的培养皿上,每个培养皿放置适量叶片,每种植物设置 3 个培养皿。水稻纹枯病菌 AG 1－IA 菌株在 PDA 培养基上培养 3 d 后,打取 5 mm 菌饼,将菌丝一面紧贴叶片背部,置于培养箱中培养 6 h、12 h、24 h、36 h 和 48 h 观察叶片感病情况。

2.3 结果与分析

2.3.1 水稻纹枯病菌 AG 1－IA 和 AG 5 的菌落形态

水稻纹枯病菌 AG 1－IA 和 AG 5 的菌落形态如图 2.1 所示。水稻纹枯病菌 AG 1－IA 菌丝沿着菌饼周围生长并不断蔓延,菌丝初期较细,培养 2 d 菌丝长满整个培养皿,并产生少量的气生菌丝;培养 3 d 菌丝层上形成厚密的白色菌丝团;培养 4 d 培养皿表面产生明显的颗粒状菌核,菌核颜色逐渐变深;培养 6 d 菌核数量增加,且颜色转变为褐色;培养 15 d 菌丝颜色加深,产生大量深褐色菌核分布于培养皿上。水稻纹枯病菌 AG 5 接种后菌丝沿着菌饼周围生长;培养 3 d 菌丝长满整个培养皿,并形成气生菌丝;培养 4 d 气生菌丝增加,菌丝层上产生少量白色颗粒状菌核;培养 6 d 菌丝层上产生大量颗粒状菌核,颜色由白色逐渐变成黄褐色;培养 15 d 菌核及菌丝颜色加深,变为褐色。

2.3.2 水稻纹枯病菌 AG 1－IA 和 AG 5 的菌丝形态及菌丝生长速率的测定

利用棉兰乳酸酚染色剂对水稻纹枯病菌 AG 1－IA 和 AG 5 的菌丝进行染色,然后利用光学显微镜进行观察。菌丝形态如图 2.2 所示,AG 1－IA 和 AG 5 的菌丝形态没有明显差异。水稻纹枯病菌 AG 1－IA 和 AG 5 的气生菌丝直立生长,呈二叉分枝,分枝与主枝间接近于直角,分枝的基部有明显的缢缩,距离分枝不远处有分隔。

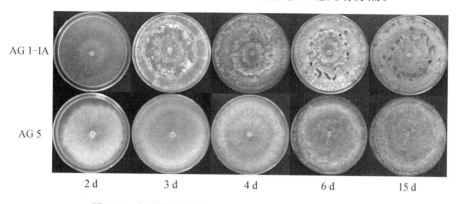

图 2.1　水稻纹枯病菌 AG 1—IA 和 AG 5 的菌落形态

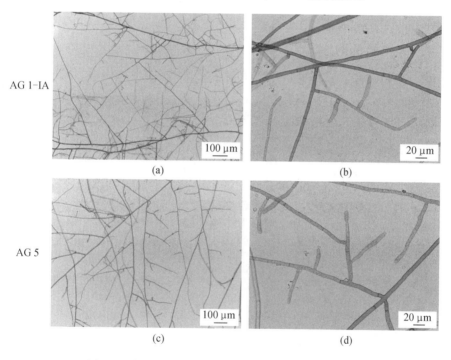

图 2.2　水稻纹枯病菌 AG 1—IA 和 AG 5 的菌丝形态

水稻纹枯病菌 AG 1—IA 和 AG 5 在 PDA 培养基中的生长速率有明显差异(图 2.3)。AG 5 的菌丝生长速度明显低于水稻纹枯病菌 AG 1—IA。当培养时间达到 48 h,水稻纹枯病菌 AG 1—IA 的菌落直径达到 9 cm,菌丝蔓延至整个培养皿,而此时 AG 5 的菌落直径为 6.3 cm,显著低于 AG 1—IA 的菌落直径。

2.3.3　水稻纹枯病菌 AG 1—IA 和 AG 5 菌丝侵染结构

水稻纹枯病菌 AG 1—IA 和 AG 5 侵染水稻离体叶片 24 h 时,水稻叶片表面开始出现病斑。对叶片进行脱色后,用棉兰乳酸酚染色剂对菌丝进行染色,然后使用光学显微

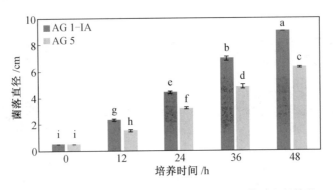

图 2.3　水稻纹枯病菌 AG 1－IA 和 AG 5 的菌丝生长情况

镜对菌丝侵染结构进行观察。试验结果显示,水稻纹枯病菌 AG 1－IA 和 AG 5 均能产生侵染钉(图 2.4(a)、(d))、附着胞(图 2.4(b)、(e))以及侵染垫结构(图 2.4(c)、(f))。但水稻纹枯病菌 AG 1－IA 菌丝在叶片表面更为密集,这可能与其致病力更强有关。

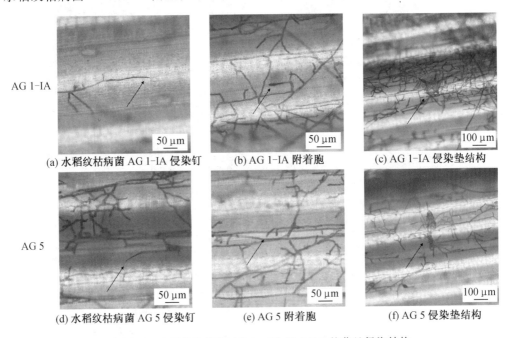

图 2.4　水稻纹枯病菌 AG 1－IA 和 AG 5 的菌丝侵染结构

2.3.4　水稻纹枯病菌 AG 1－IA 和 AG 5 对水稻苗期致病力比较分析

通过苗期水稻叶鞘接种法对水稻纹枯病菌 AG 1－IA 和 AG 5 进行致病力测定。试验结果表明,水稻纹枯病菌 AG 1－IA 和 AG 5 均能引起水稻幼苗发病,所引起的症状特点基本一致,首先在接种部位附近出现暗绿色的水渍状小病斑,病斑边缘不清晰,随后病斑逐渐扩大呈椭圆形或云纹状,病斑边缘呈褐色或暗褐色,部分叶片变黄甚至枯死。接种 7 d 后,测量水稻幼苗的病斑高度和苗挺高度,计算单株病级,并根据相对病级数据进行致病力分析。

由表 2.2 可知,在 29 个品种的水稻中,接种 AG 5 处理的相对病级均明显小于接种 AG 1－IA 处理的相对病级。接种水稻纹枯病菌 AG 1－IA 的 29 个水稻品种的相对病级在 2.73～6.42 范围内,而接种水稻纹枯病菌 AG 5 的水稻相对病级在 1.25～3.54 范围内。说明水稻纹枯病菌 AG 1－IA 对水稻的致病力明显高于 AG 5。此外,不同品种水稻对水稻纹枯病菌 AG 1－IA 和 AG 5 的感病程度有明显差异,其中供试品种垦粳 1501 对 AG 1－IA 和 AG 5 最为敏感。

表 2.2　水稻纹枯病菌 AG 1－IA 和 AG 5 侵染水稻幼苗的相对病级

品种	水稻纹枯病菌 AG 1－IA	水稻纹枯病菌 AG 5	品种	水稻纹枯病菌 AG 1－IA	水稻纹枯病菌 AG 5
空育 131	3.86±0.41	1.61±0.14	龙粳 51	5.32±0.45	2.49±0.21
龙粳 17	3.66±0.30	1.30±0.11	龙粳 52	4.02±0.47	2.22±0.19
龙粳 20	4.06±0.26	1.62±0.12	龙粳 53	4.70±0.40	2.31±0.20
龙粳 21	3.76±0.36	1.41±0.10	龙粳 54	5.38±.054	2.09±0.16
龙粳 24	4.56±0.46	1.74±0.15	龙粳 57	4.92±0.39	2.45±0.20
龙粳 25	4.34±0.20	1.55±0.14	龙粳 58	2.82±0.30	1.27±0.08
龙粳 26	4.22±0.26	1.39±0.11	龙粳 59	5.47±0.61	2.62±0.45
龙粳 29	4.74±0.45	1.87±0.13	龙粳 60	5.63±0.47	2.72±0.33
龙粳 30	6.33±0.40	3.43±0.24	龙粳 61	4.43±0.51	1.47±0.17
龙粳 31	6.19±0.33	3.54±0.25	垦粳 5	4.32±0.54	1.97±0.20
龙粳 39	5.15±0.38	2.51±0.16	垦粳 6	2.73±0.51	1.25±0.20
龙粳 43	4.12±0.50	1.43±0.06	垦粳 7	6.15±0.59	2.89±0.29
龙粳 46	5.84±0.41	3.04±0.22	垦粳 8	5.14±0.58	2.04±0.24
龙粳 47	6.11±0.42	3.29±0.21	垦粳 1501	6.42±0.56	3.41±0.34
龙粳 50	5.23±0.30	2.42±0.23			

2.3.5　不同寄主植物对水稻纹枯病菌 AG 1－IA 的敏感性分析

水稻纹枯病菌的寄主范围极为广泛,自然情况下能够侵染 21 科植物,在人工接种条件下能够侵染 54 科的 260 多种植物。本试验采用离体叶片法评价了 63 种植物对水稻纹枯病菌 AG 1－IA 的敏感性。试验结果表明,接种 AG 1－IA 后,不同寄主植物的发病时间和发病程度有较大的差异。

供试的 63 种植物中,银中杨叶片最早出现病状。如图 2.5 所示,在水稻纹枯病菌

AG 1—IA 侵染 6 h 时,其叶片出现暗绿色,似水渍状病斑。随着处理时间的延长,植物叶片逐渐溃烂呈黑褐色。

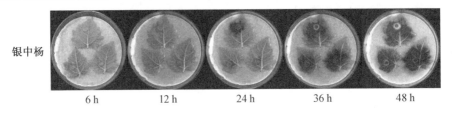

银中杨

| 6 h | 12 h | 24 h | 36 h | 48 h |

图 2.5 水稻纹枯病菌 AG 1—IA 侵染银中杨感病情况

供试植物玉米、圆叶碱毛茛、艾蒿、稗草、草地风毛菊、刺儿菜、打碗花、丁香、附地菜、还阳参、鹤虱、红瑞木、灰菜、接骨木、锦带花、京桃、苣荬菜、连翘、旱柳、萝藦、雀稗、山丁子、山莴苣、山杏、楔叶绣线菊、旋复花、榆树、榆叶梅、并头黄芩和东北堇菜在接种水稻纹枯病菌 AG 1—IA 12 h 时开始有病斑出现(图 2.6)。

供试植物中水稻、凹头苋、扁蓄、朝天委陵菜、大豆、大籽蒿、大狗尾草、谷莠子、金狗尾、金银花、马兰、蔓委陵菜、毛连菜、苜蓿、鼠掌草、树锦鸡儿、水蒿、辽东水蜡树、糖槭、小麦、野豌豆、月见菜、毛萼麦瓶草和芦苇在接种水稻纹枯病菌 AG 1—IA 24 h 时有病斑出现(图 2.7)。

反枝苋、车前、垂果南芥、独行菜、羊草、羊蹄、益母草和马蔺在接种水稻纹枯病菌 AG 1—IA 36 h 时出现病状(图 2.8)。此外,试验结果还显示,虽然接种水稻纹枯病菌 AG 1—IA 36 h 时反枝苋叶片开始产生病斑,但其病斑的扩展速度明显较其他植物慢。在接种时间达到 48 h 时,反枝苋叶片所产生的病斑依然很小,分布在菌丝体周围,在供试植物中抗病性最强。

上述试验结果说明,水稻纹枯病菌 AG 1—IA 对寄主的选择识别和致病力具有一定差异。

2.4 讨 论

水稻纹枯病是由立枯丝核菌侵染而引起的一种土传性真菌病害。根据菌丝的融合情况,立枯丝核菌可划分为 14 个融合群,为 AG 1～AG 13 和 AG BI。AG 1 融合群的各菌株间的致病力有所差异,其中 AG 1—IA 致病力最强且分离获得比例最高,普遍认为是水稻纹枯病的主要病菌(即优势菌)。我国范围内分离得到的立枯丝核菌大都属于 AG 1～AG 5 这 5 个融合群,而在黑龙江省粳稻区,引起水稻纹枯病的主要菌丝融合群为 AG 1—IA,AG 1—IC 和 AG 5。本研究观察比对水稻纹枯病菌 AG 1—IA 和 AG 5,发现两种菌株的菌丝形态没有明显差异,但菌核形态有明显不同。AG 1—IA 气生菌丝少,能够形成质地坚硬的深褐色圆形菌核,而 AG 5 气生菌丝较为发达,通常在培养皿上盖形成菌核,菌核相对较小,菌核形成时间较长。水稻纹枯病菌侵染水稻的主要方式有两种:一

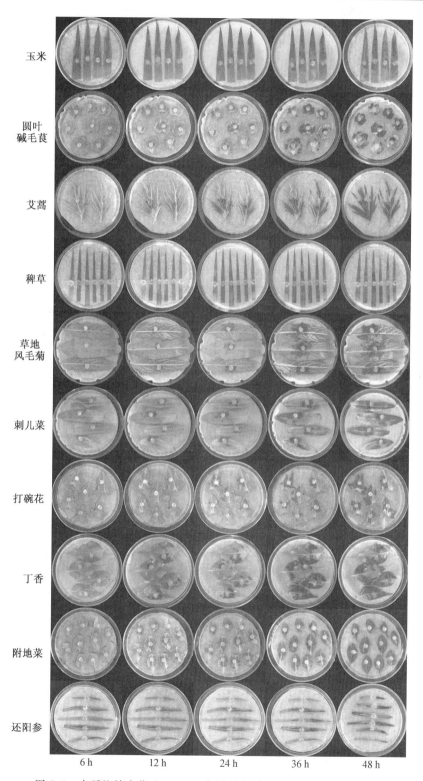

玉米

圆叶
碱毛茛

艾蒿

稗草

草地
风毛菊

刺儿菜

打碗花

丁香

附地菜

还阳参

6 h　　　12 h　　　24 h　　　36 h　　　48 h

图 2.6　水稻纹枯病菌 AG 1－IA 侵染植物感病情况(12 h 病斑出现)

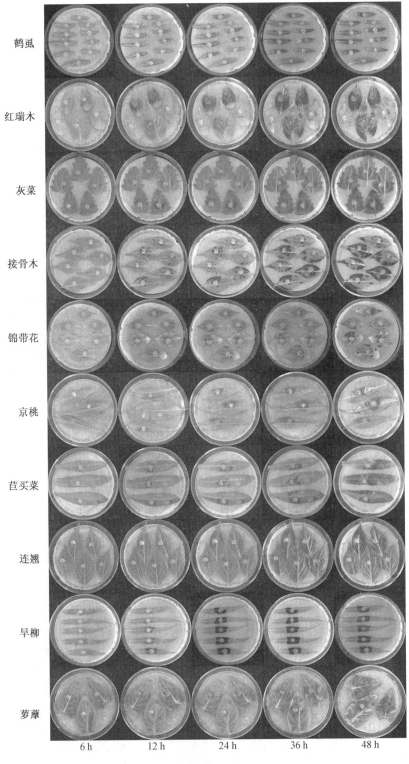

鹤虱				
红瑞木				
灰菜				
接骨木				
锦带花				
京桃				
苣荬菜				
连翘				
旱柳				
萝藦				
6 h	12 h	24 h	36 h	48 h

续图 2.6

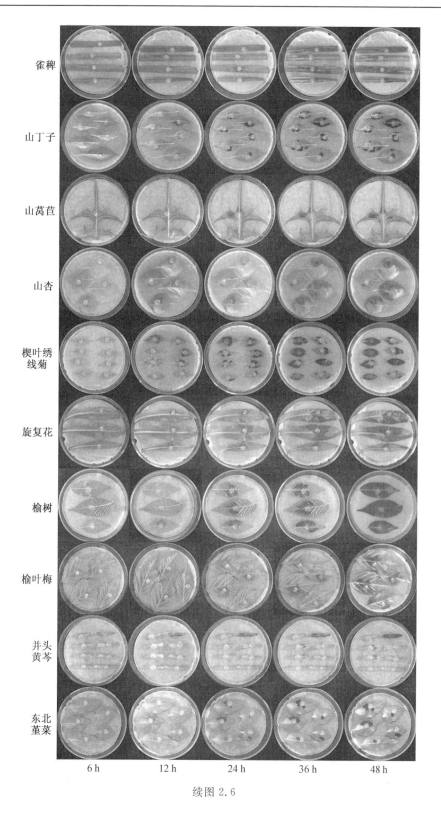

<table>
<tr><td>雀稗</td></tr>
<tr><td>山丁子</td></tr>
<tr><td>山莴苣</td></tr>
<tr><td>山杏</td></tr>
<tr><td>楔叶绣线菊</td></tr>
<tr><td>旋复花</td></tr>
<tr><td>榆树</td></tr>
<tr><td>榆叶梅</td></tr>
<tr><td>并头黄芩</td></tr>
<tr><td>东北堇菜</td></tr>
</table>

6 h　　12 h　　24 h　　36 h　　48 h

续图 2.6

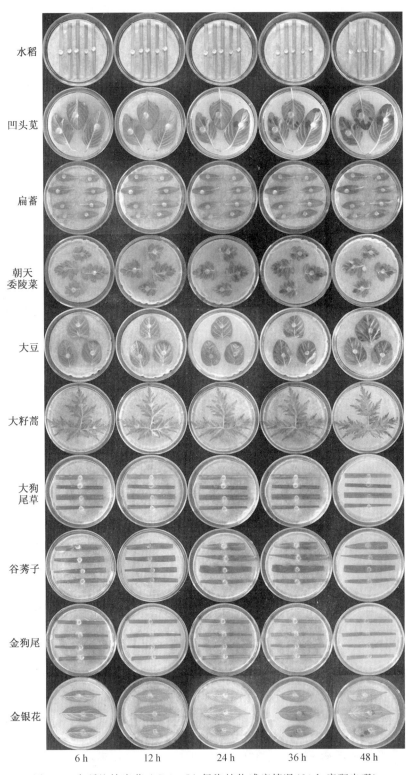

水稻

凹头苋

扁蓄

朝天
委陵菜

大豆

大籽蒿

大狗
尾草

谷莠子

金狗尾

金银花

6 h　　　12 h　　　24 h　　　36 h　　　48 h

图 2.7　水稻纹枯病菌 AG 1－IA 侵染植物感病情况（24 h 病斑出现）

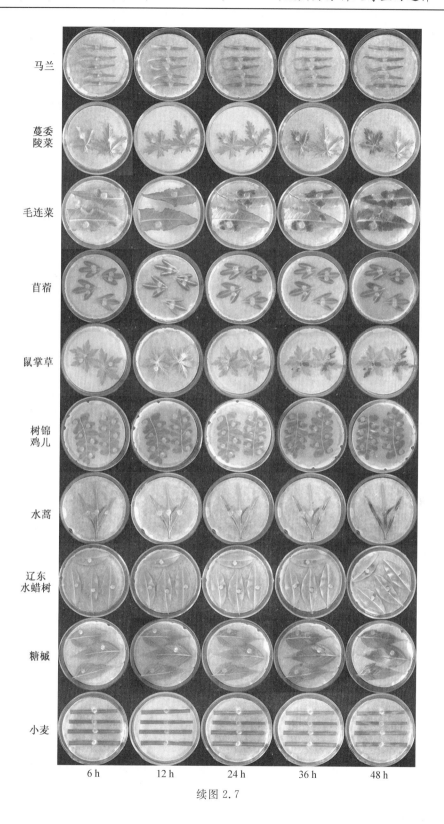

马兰

蔓委
陵菜

毛连菜

苜蓿

鼠掌草

树锦
鸡儿

水蒿

辽东
水蜡树

糖槭

小麦

6 h　　12 h　　24 h　　36 h　　48 h

续图 2.7

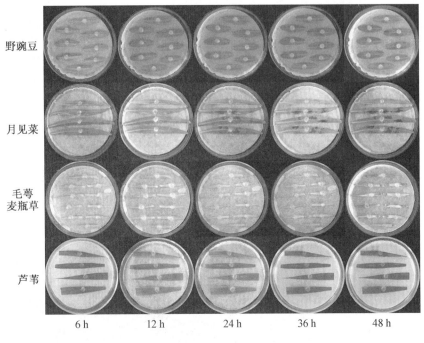

野豌豆

月见菜

毛萼
麦瓶草

芦苇

6 h　　　12 h　　　24 h　　　36 h　　　48 h

续图 2.7

种是菌丝在植株表面形成顶端膨大的附着胞；另一种是菌丝聚集成侵染垫，进而形成侵染钉，在侵入植株叶片表皮时变细，而进入表皮细胞后又恢复原来状态，有时也能直接从表皮细胞间隙和气孔进入。本章研究中，水稻纹枯病菌 AG 1－IA 和 AG 5 在侵染水稻叶片过程中均能形成附着胞、侵染钉和侵染垫结构，但 AG 1－IA 的菌丝在叶片表面更为密集，可能与致病力有关。

　　利用水稻纹枯病菌 AG 1－IA 和 AG 5 对 29 个品种水稻进行侵染，发现它们能够导致水稻形成纹枯病典型症状，起初水稻幼苗叶鞘附近产生暗绿色水渍状病斑，随着侵染时间的延长，病斑逐渐扩大边缘呈淡褐色，呈不规则云纹状，导致感病部位的叶片发黄甚至枯死。利用相对病斑高度法测定水稻纹枯病菌的致病力，发现 AG 1－IA 的致病力更强。造成这些差异的原因可能是水稻纹枯病菌群体具有丰富的遗传多样性。水稻纹枯病菌存在致病性分化，不同水稻品种之间存在抗病性差异，不同菌株在相同寄主上产生病斑大小不相同，这对菌株具有一定的指示鉴别作用。

　　水稻纹枯病的寄主范围极广，能够侵染水稻、玉米、大豆、马铃薯、小麦和烟草等 260 多种植物。利用水稻纹枯病菌 AG 1－IA 对 63 种植物叶片进行接种，发现 63 种植物的感病时间、病斑大小、形状、颜色均有所差异。银中杨叶片在 AG 1－IA 侵染 6 h 即出现病症，叶片逐渐呈溃烂状。而大多数植物叶片则是在病原菌侵染 12～24 h 形成明显病斑。反枝苋、车前、垂果南芥、独行菜、羊草、益母草、羊蹄和马蔺则在 AG 1－IA 侵染 36 h 出现病斑。在供试的 63 种植物中，反枝苋病斑形成时间最晚，且病斑面积最小，说明水稻纹枯病菌 AG 1－IA 对不同寄主的侵染具有差异性。很多病原真菌在入侵寄主方面均

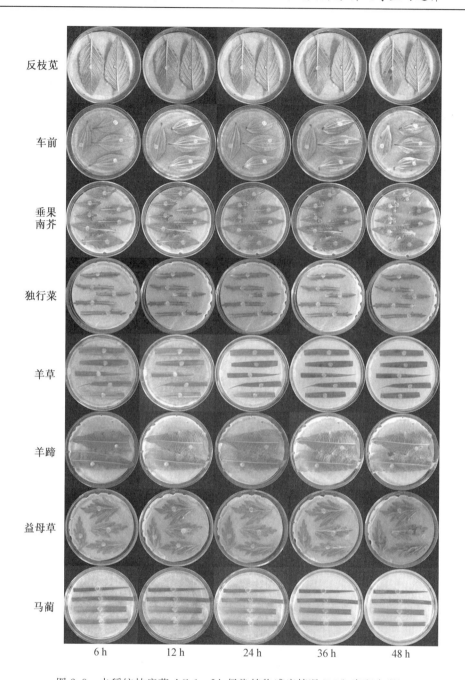

反枝苋

车前

垂果
南芥

独行菜

羊草

羊蹄

益母草

马蔺

6 h　　　　12 h　　　　24 h　　　　36 h　　　　48 h

图 2.8　水稻纹枯病菌 AG 1－IA 侵染植物感病情况（36 h 病斑出现）

具有独特的机制,本研究利用水稻纹枯病菌 AG 1－IA 和 AG 5 侵染水稻和抗病性最强的反枝苋,收集菌丝进行转录组测序,深入探究不同融合群水稻纹枯病菌的寄主选择识别和致病机制。

2.5　结　　论

AG 1－IA 和 AG 5 在侵染水稻过程中,AG 1－IA 菌丝在水稻叶片表面更为密集,其致病力更强。AG 1－IA 能够侵染供试的 63 种植物,但不同植物对 AG 1－IA 的敏感程度明显不同,说明 AG 1－IA 对不同寄主的选择识别和致病力方面具有一定差异,其中反枝苋抗病性最强。

第3章 水稻纹枯病菌 AG 1－IA 侵染不同寄主早期的转录组分析

3.1 试验材料

3.1.1 菌株及植物材料

水稻纹枯病菌 AG 1－IA(*R. solani* AG 1－IA)、水稻叶片(品种为垦粳 1501)、反枝苋(*Amaranthus retroflexus* L.)叶片。

3.1.2 酶类及其他试剂

Trizol,购自英潍捷基(Invitrogen)生物有限公司;反转录试剂盒(TOYOBO FSQ－301)和实时荧光定量试剂盒(QPS－201),购自东洋纺(TOYOBO)生物技术公司;其他试剂,均为国产分析纯。

3.1.3 主要仪器

台式高速离心机(H1650－W)、电热恒温培养箱(DRP－9162)、超低温冰箱、电热恒温水浴锅(HWS12 型)、水浴振荡器(HZS－H)、电泳仪和电泳槽(DYY－8C)、凝胶成像系统(BIO－RAD)、高压灭菌锅、制冰机、HDL 超净工作台、CFX96 荧光定量 PCR 仪(BIO－RAD,美国)。

3.2 试验方法

3.2.1 转录组分析样品的采集

(1)将水稻纹枯病菌 AG 1－IA 接种至 PDA 培养基上 27 ℃条件下培养 3 d 后,在菌丝边缘部位打取 5 mm 菌丝块,置于 PDA 培养基上 27 ℃条件下培养 12 h。

(2)选取长势相近的水稻和反枝苋叶片在 1%的 NaClO 溶液中浸泡 3 min 后,用灭菌水冲洗,然后浸入在 70%的乙醇中 10 s,在灭菌水中冲洗 2 次后,用灭菌滤纸吸干叶片表面的水分。

(3)将水稻和反枝苋的离体叶片置于接种水稻纹枯病菌 AG 1－IA 的培养基中,即步骤(1)中。将植物叶片背面紧贴在培养菌丝表面,27 ℃、12 h 光暗交替培养,22 h 后刮取叶片上的菌丝,并迅速用液氮进行冷冻,保存于−80 ℃冰箱中。同时,将 AG 1−IA 接种至 PDA 培养上作为对照组,培养条件和时间与对应的处理组保持一致。处理方式见表3.1,每个处理设置 3 次重复。上述 18 个菌丝样品总 RNA 的提取与纯化由北京百迈客生物科技有限公司完成,对菌丝样品总 RNA 质量进行检测。首先用 1%的琼脂糖凝胶进行电泳检测,确定菌丝样品总 RNA 未发生降解和污染。然后利用超微量分光光度计检测 RNA 的纯度,使用 RNA Assay Kit in Qubit 2.0 Flurometer 检测水稻纹枯病菌样品总 RNA 的浓度,利用 Aligent 2100 Bioanalyzer 对菌丝样品总 RNA 的完整性进行测定。菌丝样品经检测合格后方可用于后续试验。

表 3.1 转录组测序样品的处理方式

样品	菌株	处理
C1	AG 1−IA	PDA
R1	AG 1−IA	侵染水稻叶片
X1	AG 1−IA	侵染反枝苋叶片

3.2.2 转录组文库的构建

(1)使用带有 Oligo(dT)的磁珠对菌丝样品的 mRNA 进行富集。

(2)加入 Fragmentation Buffer 随机打断菌丝样品的 mRNA。

(3)以菌丝样品 mRNA 为模板,利用六碱基随机引物(random haxamers)合成第一条 cDNA,随后加入缓冲液、dNTPs、RNase H 和 DNA polymerase Ⅰ进行第二条 cDNA链的合成,并利用 AMPure XP beads 对 cDNA 进行纯化。

(4)对纯化后的双链 cDNA 进行末端修复,加 A 尾并连接测序接头,通过使用 AM-Pure XP beads 对片段大小进行选择。

(5)通过 PCR 富集来获得水稻纹枯病菌的 cDNA 文库。

3.2.3 转录组文库的质控及上机测序

完成水稻纹枯病菌转录组文库的构建后,对文库质量进行检测,检测后的结果符合要求后方可继续进行后续上机测序,检测方法如下。

(1)通过使用 Qubit 2.0 进行初步定量,利用 Agilent 2100 生物分析仪对转录组文库的插入大小(insert size)进行检测,插入大小达到预期要求后方能继续进行下一步的试验。

(2)利用 q−PCR 方法对转录组文库的有效浓度进行准确定量(转录组文库有效浓度大于 2 nmol/L),完成转录组文库检测。文库检测合格后,不同的文库按照目标下机数据量进行合并(pooling),然后用 IlluminaHiSeq 平台进行测序。

3.2.4　测序数据分析

测序获得的原始数据(raw reads)去除含有接头的 Reads 和低质量的 Reads($Q_{30}>$ 0.85),得到高质量的有效数据(clean data),并计算各样品的 Q_{20}、Q_{30} 及 GC 含量等基本信息。

有参转录组分析:将 C1、R1 和 X1 样品的有效数据与水稻纹枯病菌 AG 1－IA 基因组进行序列比对,得到映射数据(mapped data),进行插入片段长度检验、随机性检验等文库质量评估。

水稻纹枯病菌 AG 1－IA 参考基因组数据链接:

http://genedenovoweb. ticp. net:81/rsia/index. php? m＝index&f＝index

3.2.5　基因表达量分析

根据 FPKM 值对转录本或基因表达水平进行评估,计算公式如下:

$$FPKM=\frac{cDNA\ fragments}{mapped\ fragments(milltions)\times transcript\ length(kb)}$$

式中,cDNA fragments 表示比对到某一转录本上的片段数目,即双端 Reads 数目;mapped fragments (millions)表示比对到转录本上的片段总数,以 10^6 为单位;transcript length(kb)表示转录本长度,以 10^3 个碱基为单位。

3.2.6　差异表达基因分析

使用 DESeq R 软件进行样品组间差异表达分析。在分析差异表达基因过程中,将差异倍数(fold change)大于等于 2 且错误发现率(false discovery rate,FDR)小于 0.05 作为筛选标准。

3.2.7　差异表达基因的功能注释和富集分析

将水稻纹枯病菌侵染不同寄主转录组测序所得到的差异表达基因与 COG、GO、KEGG、NR 和 Swiss－Prot 数据库比对,获得基因注释信息。数据库列表见表 3.2。

表 3.2　数据库列表

数据库	类型
GO	基因本体数据库
COG	蛋白相邻类的聚簇数据库
KEGG	京都基因与基因组百科全书数据库
NR	非冗余蛋白质序列数据库
Swiss－Prot	经过注释的蛋白质序列数据库

通路显著性富集分析以 KEGG 数据库中通路(pathway)为单位,使用 KOBAS 软件进行富集分析,找出与整个基因组背景相比,在水稻纹枯病菌差异表达基因中显著富集的 pathway。

3.2.8　差异表达基因的 qRT－PCR 验证

1. 水稻纹枯病菌总 RNA 的提取

主要采用 Trizol 法,具体操作如下。

(1)取 0.1 g 左右的菌丝粉末加到 1.5 mL 离心管中,然后加入 1 mL Trizol,轻摇后静止 5 min。

(2)在离心管中加入 200 μL 氯仿,然后置于旋涡振荡仪上混匀,静置 15 min 后,于 4 ℃,12 000 r/min 条件下离心 15 min。

(3)吸取上清液(350～400 μL)至另一个 1.5 mL 的离心管中,加入等体积异丙醇,轻摇混匀,混合液置于冰箱中－20 ℃沉淀 2 h 左右,随后于 4 ℃、12 000 r/min 条件下离心 10 min。

(4)小心地将上清液吸出,加入 1 mL 用焦碳酸二乙酯(DEPC)配制的 75％乙醇,洗涤 RNA 沉淀后离心。重复洗涤沉淀一次。

(5)加入 0.1％的 DEPC 溶液约 40 μL 溶解沉淀,然后取 3 μL 的 RNA 用 1％的琼脂糖凝胶电泳检测其纯度,RNA 溶液一般储存于－80 ℃条件下。

2. 水稻纹枯病菌 cDNA 的合成

参照 TOYOBO FSQ－301 反转录试剂盒说明书,具体操作如下。

(1)RNA 变性。

RNA 在 65 ℃条件下热变性 5 min,然后立即置于冰上冷却。

(2)DNase 反应。

反应体系 Total 1:

4×DN Master Mix	4 μL
RNA	4 μL
ddH$_2$O	8 μL
Total 1	16 μL

反应条件:37 ℃条件下反应 5 min 后,立即置于冰上冷却。

(3)逆转录反应。

反应体系 Total 2(20 μL):

$$5\times RT\ Master\ Mix\ Ⅱ\quad 4\ \mu L$$

$$Total\ 1\quad 16\ \mu L$$

$$Total\ 2\quad 20\ \mu L$$

反应条件:37 ℃ 15 min,50 ℃ 5 min,98 ℃ 5 min 终止反应。样品于−20 ℃条件下保存。

3. 实时荧光定量 PCR

为进一步验证 RNA−seq 数据的可靠性,分别从侵染不同寄主的水稻纹枯病菌 AG 1—IA 和 AG 5 转录组数据的差异表达基因中随机选取 10 个基因进行 qRT−PCR 验证。利用 Primer Premier 5 进行引物设计,实时荧光定量引物长度为 18～22 bp,GC 比为 40%～60%,扩增片段为 150～200 bp,所用引物见表 3.3。水稻纹枯病菌 AG 1—IA 以其 18S rRNA 为内参基因。

参照 TOYOBO 实时荧光定量 PCR 试剂盒,反应体系如下:

$$2\times SYB\ R\quad qPCR\ Mix\quad 5\ \mu L$$

$$上游引物(10\ \mu mol/L)\quad 0.3\ \mu L$$

$$下游引物(10\ \mu mol/L)\quad 0.3\ \mu L$$

$$cDNA\ 模板\quad 1.4\ \mu L$$

$$ddH_2O\quad 3\ \mu L$$

$$合计\quad 10\ \mu L$$

反应程序:第一阶段 95 ℃预变性 30 s;第二阶段 95 ℃变性 5 s,55 ℃退火 30 s,72 ℃延伸 20 s,共 40 个循环。每个基因做 3 次技术重复 3 次生物学重复,采用 $\triangle\triangle C_t$ 法计算相对表达量,即 $2^{-\triangle\triangle C_t}$。

$$\triangle\triangle C_t=(C_t\ 目标基因-C_t\ 内参基因)_{处理}-(C_t\ 目标基因-C_t\ 内参基因)_{对照}$$

表 3.3　实时荧光定量验证引物

基因名称	正向引物（5′−3′）	反向引物（5′−3′）
18S rRNA	TAACTTCTCGAATCGCATGG	TGAAACCATGGTAGGCCTCT
AG1IA_04185	GCAAGGCATTCGACACAA	TCTCCATCACGGGCTACA
AG1IA_01555	CGATGAGGTGATCGAGATCG	ATGGTGGAGTATGGGAGTGAG
AG1IA_05441	GGTGAGATGGCGTATGAA	GGAACGAACCCAAGAATG
AG1IA_07059	CGACAAAGGATACGAACCA	ACATAAGCGACGGGCGA
AG1IA_02588	GAAGCGTTATCATGTGCTCG	GCCATTCTTGTCCTCCGTA
AG1IA_03152	GTGGTCGTTGCGGATTGGT	GTACGGCGTTTGGGTGAA

续表3.3

基因名称	正向引物（5′—3′）	反向引物（5′—3′）
AG1IA_04060	GGCGCAGGGTGGCGGTA	TACGAGGGGAGCGTGGAGAA
AG1IA_02246	GCGTTGCTTTGAGTGGAG	GCCTTGTTGAAGGAGTGTTC
AG1IA_07850	GGATACGGAAACTGTGCG	TTGATGTGCGTTGATGGATA
AG1IA_09410	CAAACTCGACCAGCAGACT	CGACCAGGTACATGAAAAATC

3.2.9 水稻纹枯病菌 AG 1－IA 致病相关基因的 qRT－PCR 分析

基于水稻纹枯病菌 AG 1－IA 转录组数据获得的差异表达基因,结合基因注释及功能,筛选水稻纹枯病菌 AG 1－IA 中可能参与致病的基因,利用实时荧光定量技术分析候选致病基因在 AG 1－IA 侵染水稻和反枝苋不同时间段的表达模式,初步明确候选致病基因在水稻纹枯病菌 AG 1－IA 致病中的作用。

1. 水稻纹枯病菌 AG 1－IA 菌丝的处理

水稻纹枯病菌和植物叶片的处理方法参照 2.2.3 节,水稻纹枯病菌 AG 1－IA 侵染水稻和反枝苋,将水稻和反枝苋的离体叶片分别置于接种 AG 1－IA 的培养基中,培养 0 h、12 h、24 h、36 h 和 48 h 后刮取叶片上的菌丝,并迅速用液氮进行冷冻,保存于－80 ℃ 冰箱中备用。

2. 水稻纹枯病菌 AG 1－IA 总 RNA 的提取及 cDNA 合成

水稻纹枯病菌 AG 1－IA 样品总 RNA 的提取及 cDNA 的合成参照 3.2.8 节。

3. 基因表达分析

选取 5 个可能参与水稻纹枯病菌 AG 1－IA 致病的基因,使用 Primer Premier 5 设计引物,所用引物见表 3.4。以 18S rRNA 为内参,参照 3.2.8 节中 qRT－PCR 体系,分析候选致病基因在 AG 1－IA 侵染不同寄主过程中的表达模式。

表 3.4 实时荧光定量引物

基因名称	正向引物（5′—3′）	反向引物（5′—3′）
18S rRNA	TAACTTCTCGAATCGCATGG	TGAAACCATGGTAGGCCTCT
AG1IA_05224	GTTCTCCGTGCCTTTCCGT	CTTTGGGTGCATCCACTTCC
AG1IA_05521	ACCCCTGCTTCACCCATT	GGTCAACTTCTTCGTTTCGAC
AG1IA_08196	GCTCGGATTCGGATTTTG	TGTCCTTTCAGCCGTTTTAAT
AG1IA_08504	ACAGATGCTTCGTCCGCT	ACCTTGTCCCCCTTGAGAG
AG1IA_08726	ATTCAGAGCCGCAAACTAAG	TGATGGAAACGACGGAGAG

所有数据均取 3 次重复的平均值,采用 SPSS 19.0 进行数据统计分析。

3.3　结果与分析

3.3.1　转录组测序样品的质量控制

在水稻纹枯病菌 AG 1－IA 侵染水稻和反枝苋 22 h 时,收集菌丝进行转录组测序研究。菌丝样品总 RNA 的提取与纯化由北京百迈客生物科技有限公司完成,并对其质量进行检测。利用 Aligent 2100 Bioanalyzer 测定 RNA 样品,菌丝样品质量检测结果见表 3.5。9 个样品 OD$_{260/280}$ 与 OD$_{260/230}$ 的值均在 2 左右,表明菌丝 RNA 样品纯度较高,由 RIN 值(RNA integrity number,完整指数)可以看出 9 个样品的 RIN 值均超过 9,表明菌丝样品 RNA 的完整性较好,可以用于后续试验。

表 3.5　水稻纹枯病菌菌丝样品质量检测结果

样品	体积/μL	总量/μg	质量浓度/(ng·μL^{-1})	OD$_{260/280}$	OD$_{260/230}$	RIN	28S/18S	结果
C1－1	21.0	43.7	2 083.0	2.23	2.21	9.6	1.94	正常
C1－2	23.0	22.6	982.1	2.21	1.47	9.6	2.04	正常
C1－3	23.0	23.8	1 032.7	2.22	2.48	9.5	1.93	正常
R1－1	21.0	61.9	2 949.5	2.24	2.43	9.1	1.84	正常
R1－2	23.0	14.8	644.2	2.27	1.95	9.5	2.04	正常
R1－3	23.0	16.2	705.6	2.20	2.43	9.5	2.02	正常
X1－1	21.0	25.7	1 222.4	2.21	1.75	9.5	1.64	正常
X1－2	23.0	31.7	1 378.6	2.25	2.34	9.6	1.99	正常
X1－3	23.0	25.4	1 105.8	2.26	2.12	9.5	2.05	正常

注:C1 表示水稻纹枯病菌 AG 1－IA 菌丝,R1 表示水稻纹枯病菌 AG 1－IA 侵染水稻叶片 22 h,X1 表示水稻纹枯病菌侵染反枝苋叶片 22 h,处理名称后 1、2、3 表示同一处理的 3 次生物学重复。

3.3.2　转录组测序数据质量控制

水稻纹枯病菌 AG 1－IA 转录组测序数据经过质量控制,9 个样品共获得 72.60 Gb 有效数据,其中 G 和 C 两种碱基占总碱基的百分比(GC 含量)在 52.51%～52.80%之间,各样品 Q_{30} 碱基百分比均大于等于 92.14%(结果见表 3.6)。

表 3.6　测序数据统计

样品编号	过滤后读序	过滤后碱基	GC 含量/%	$\geq Q_{30}$ 百分比/%
C1－1	30 782 053	9 204 926 008	52.62	96.05
C1－2	26 895 449	8 043 312 424	52.65	95.87
C1－3	24 819 678	7 424 612 666	52.73	95.72
R1－1	34 875 575	10 432 697 024	52.51	92.14
R1－2	27 311 017	8 169 195 214	52.68	92.96
R1－3	25 940 947	7 742 432 016	52.65	92.89
X1－1	22 855 988	6 830 558 674	52.76	92.80
X1－2	22 672 591	6 776 472 332	52.68	92.26
X1－3	26 739 179	7 978 243 076	52.80	92.53

3.3.3　转录组测序数据与参考基因组序列比对

分别将各菌丝样品的 clean reads 与水稻纹枯病菌 AG 1－IA 基因组进行序列比对，结果见表 3.7，比对到参考基因组上的 Reads 数目及在 clean reads 中占的百分比为 88.00%～88.73%，其中比对到参考基因组上的读序数目占有效数据百分比最多的是 C1－1；比对到参考基因组唯一位置的 Reads 数目在 clean reads 中占的百分比为 86.75%～87.48%，其中比对到参考基因组唯一位置的读序数目占有效数据百分比最多的是 C1－1；比对到参考基因组多处位置的 Reads 数目及在 clean reads 中占的百分比为 1.20%～1.25%，其中比对到参考基因组多处位置的读序数目占有效数据百分比最多的是 C1－1、C1－2，以及 R1－2；比对到参考基因组正链的 Reads 数目及在 clean reads 中占的百分比为 43.95%～44.28%，其中比对到参考基因组正链的读序数目占有效数据百分比最多的是 C1－1；比对到参考基因组负链的 Reads 数目及在 clean reads 中占的百分比为 43.80%～44.17%，其中比对到参考基因组负链的读序数目占有效数据百分比最多的是 C1－1。

表 3.7　菌丝样品测序数据与参考基因组的序列比对结果

样品编号	总读序	定位到的读序	定位到唯一位置的读序	定位到多处位置的读序	定位到正链的读序	定位到负链的读序
C1－1	61 564 106	54 628 502 (88.73%)	53 858 033 (87.48%)	770 469 (1.25%)	27 257 950 (44.28%)	27 194 213 (44.17%)
C1－2	53 790 898	47 690 720 (88.66%)	47 019 120 (87.41%)	671 600 (1.25%)	23 804 523 (44.25%)	23 740 658 (44.14%)
C1－3	49 639 356	43 933 321 (88.51%)	43 332 986 (87.30%)	600 335 (1.21%)	21 936 991 (44.19%)	21 867 161 (44.05%)

续表3.7

样品编号	总读序	定位到的读序	定位到唯一位置的读序	定位到多处位置的读序	定位到正链的读序	定位到负链的读序
R1－1	69 751 150	61 379 509 (88.00%)	60 511 581 (86.75%)	867 928 (1.24%)	30 653 479 (43.95%)	30 553 544 (43.80%)
R1－2	54 622 034	48 275 379 (88.38%)	47 590 189 (87.13%)	685 190 (1.25%)	4 096 642 (44.12%)	24 032 312 (44.00%)
R1－3	51 881 894	45 746 003 (88.17%)	45 105 362 (86.94%)	640 641 (1.23%)	22 823 695 (43.99%)	22 781 191 (43.91%)
X1－1	45 711 976	40 306 728 (88.18%)	39 743 664 (86.94%)	563 064 (1.23%)	20 122 793 (44.02%)	20 060 385 (43.88%)
X1－2	45 345 182	39 938 814 (88.08%)	39 393 660 (86.88%)	545 154 (1.20%)	19 943 289 (43.98%)	19 881 636 (43.85%)
X1－3	53 478 358	47 166 461 (88.20%)	46 519 677 (86.99%)	646 784 (1.21%)	23 539 638 (44.02%)	23 485 420 (43.92%)

3.3.4　基因表达量定量及总体分布

以 FPKM 作为衡量基因表达水平的指标,图 3.1 中不同颜色的曲线表示不同样品,曲线上点的横坐标表示对应样品 FPKM 的对数值,点的纵坐标表示概率密度,即相应 FPKM 值的基因数所占总体的比例。9 个菌丝样品测序得到的蛋白质编码基因表达水平横跨 6 个数量级,即 FPKM 值从 10^{-2} 到 10^4 不等。该图可以从整体观察到低表达、中表达及高表达所占比例关系,是对整体样品基因表达情况的一个重现。

箱线图能够从表达量的总体离散角度来衡量各菌丝样品的表达水平。图 3.2 中横坐标表示不同样品;纵坐标表示样品表达量 FPKM 的对数值,数值越大,表示基因的表达量越高。3 个处理中 50% 基因的 lg(FPKM) 都集中在 0～1.8 之间,平均 lg(FPKM) 在 1～1.5 之间。lg(FPKM) 最大值接近 4,最小值小于－2。

3.3.5　重复相关性评估及主成分分析

以皮尔逊相关系数 r 对样品相关性进行评估,样品间表达量相关性热图颜色为红色和绿色。由图 3.3 可知,每个处理间 3 次重复的相关性很强,在图中以绿色表示,而不同处理间的相关性较小,在图中以红色表示。每个处理各样本间相关系数均大于 0.92。

主成分分析(PCA)结果如图 3.4 所示,水稻纹枯病菌 AG 1－IA 各处理的组内重复性较好,而组间则有较好的区分度,不同处理组间的基因表达量分布差异较大。

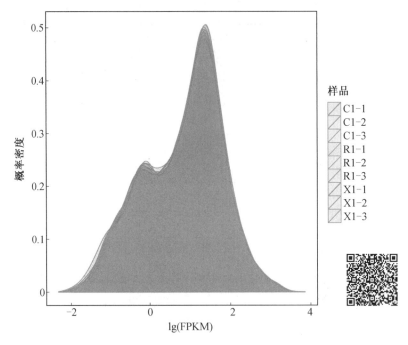

图 3.1　各菌丝样品 FPKM 密度分布对比图

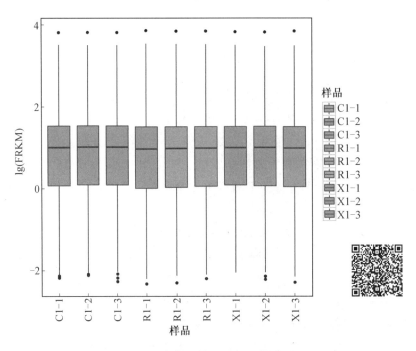

图 3.2　各菌丝样品 FPKM 箱线图

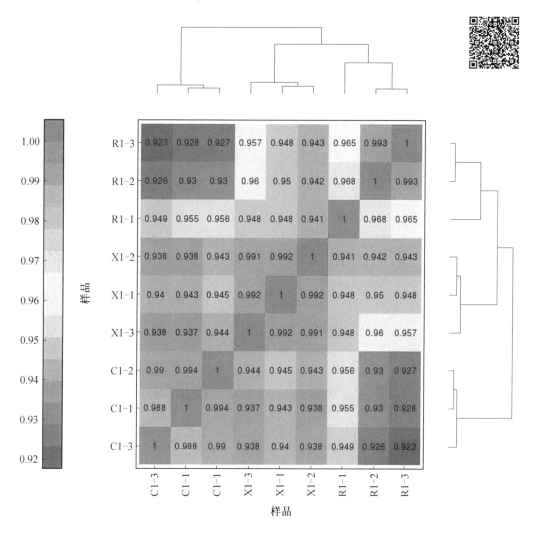

图 3.3　样品间的表达量相关性热图

3.3.6　差异表达基因分析

通过图 3.5 可以看出水稻纹枯病菌 AG 1－IA 侵染水稻(C1 vs R1)和侵染反枝苋叶片(C1 vs X1)差异表达基因的分布。其中,红色圆点表示上调倍数在 2 倍以上的差异表达基因,绿色圆点表示下调倍数在 2 倍以上的差异表达基因,黑色圆点表示非差异表达基因。横坐标表示基因在两组菌丝样品中表达量差异倍数的对数值,纵坐标表示基因表达量变化的统计学显著性的负对数值。横坐标绝对值越大,说明表达量在两组样品间的表达量差异倍数越大;纵坐标值越大,表明差异表达越显著,筛选得到的差异表达基因越可靠。由图 3.5 可知,水稻纹枯病菌 AG 1－IA 侵染水稻和反枝苋叶片差异表达基因的表达倍数大都在 4 倍以内。

由表 3.8 可知,C1 vs R1 对比组中差异表达基因数目为 325 个,其中上调基因 152

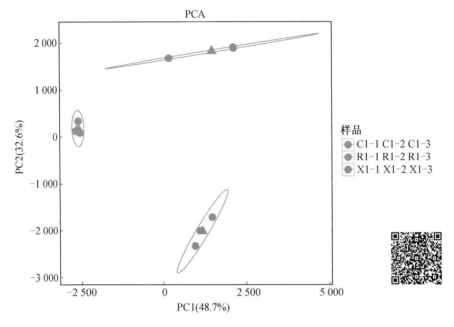

图 3.4　样品主成分分析

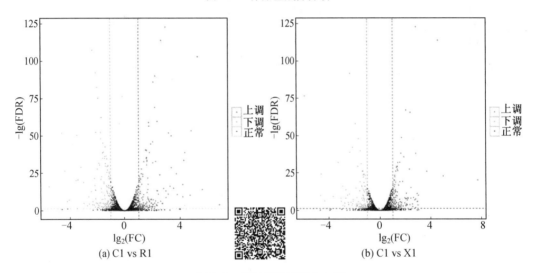

(a) C1 vs R1　　　　　　　　　　(b) C1 vs X1

图 3.5　差异表达基因火山图

个,下调基因 173 个;在 C1 vs X1 对比组中差异表达基因数目为 257 个,其中上调基因 129 个,下调基因 128 个。通过对差异表达基因的进一步分析可知,在上调差异表达基因中,C1 vs R1 与 C1 vs X1 对比组中共表达基因有 76 个;在下调差异表达基因中,C1 vs R1 与 C1 vs X1 对比组中共表达基因有 79 个。

表 3.8　差异表达基因数目统计　　　　　　　　　　　　　　　　　　个

差异表达基因组分	差异表达基因数目	上调基因数目	下调基因数目
C1 vs R1	325	152	173
C1 vs X1	257	129	128

3.3.7　差异表达基因的 qRT－PCR 验证

为了进一步验证转录组测序所获得的差异表达基因表达水平的准确性,从侵染水稻和反枝苋的水稻纹枯病菌 AG 1－IA 差异表达基因列表中随机挑选 10 个基因,利用 qRT－PCR 方法对其表达水平进行验证,以 18S rRNA 为内参基因对挑选基因的表达情况进行验证。结果见表 3.9,10 个候选基因的实际表达情况与 FPKM 计算获得的表达趋势一致,表明转录组测序所获得的基因相对表达水平结果较为可靠。

表 3.9　差异表达基因的 qRT－PCR 验证

样品名称	基因	$\log_2(\text{Ratio})$ (FPKM 分析)[①]	$\log_2(\text{Ratio})$(qRT－PCR) (平均值±标准误差)[②]
C1 vs R1	AG1IA_04185	1.06	1.37±0.18
	AG1IA_01555	4.83	6.14±0.23
	AG1IA_05441	−2.02	−3.47±.0.15
	AG1IA_07059	−4.38	−5.75±0.34
	AG1IA_02588	2.22	4.21±0.31
C1 vs X1	AG1IA_03152	3.02	2.61±0.18
	AG1IA_04060	1.46	2.33±0.07
	AG1IA_02246	−1.26	−1.83±0.11
	AG1IA_07850	−2.39	−4.22±0.36
	AG1IA_09410	2.86	4.07±0.20

注:①由 FPKM 值计算所得相对表达量;②由 qRT－PCR 获得的基因相对表达量。每个基因的相对表达量均来自 3 个重复。

3.3.8　差异表达基因的功能注释及富集分析

利用 5 个数据库对水稻纹枯病菌 AG 1－IA 侵染不同寄主差异表达的基因进行功能注释。AG 1－IA 侵染水稻差异表达的基因分别有 156、235、91、320 和 179 个注释到 COG、GO、KEGG、NR 和 Swiss－Prot 数据库中;AG 1－IA 侵染反枝苋差异表达的基因分别有 127、184、82、254 和 142 个注释到 COG、GO、KEGG、NR 和 Swiss－Prot 数据库中。

1. 差异表达基因的 GO 分类

对差异表达基因进行功能注释,水稻纹枯病菌 AG 1—IA 侵染水稻时有 235 个差异表达的基因注释到 GO 数据库中(图 3.6),而 AG 1—IA 侵染反枝苋时则有 184 个差异表达的基因注释到 GO 数据库中(图 3.7)。差异表达基因被标记为 32 个功能类别,其中包括 14 个生物学过程(biological process)、11 个细胞组分(cellular component)和 7 个分子功能(molecular function)。在生物学过程类别中,代谢过程(metabolic process)和单生物过程(single-organism process)中所注释到的差异表达基因最多,其中 AG 1—IA 侵染水稻叶片发生表达的差异基因分别为 137 个和 92 个,而侵染反枝苋叶片发生表达的差异基因分别为 114 个和 80 个。在细胞过程类中注释差异表达基因最多的为膜(membrane)和膜部分(membrane part),水稻纹枯病菌 AG 1—IA 侵染水稻过程中差异表达的基因分别为 97 个和 84 个,侵染反枝苋叶片过程中差异表达的基因分别为 73 个和 63 个。在分子功能类别中,催化活性(catalytic activity)和结合(binding)中注释到的差异表达基因数目最多,水稻纹枯病菌 AG 1—IA 侵染水稻叶片过程中差异表达的基因分别为 153 个和 109 个,侵染反枝苋叶片过程中差异表达的基因分别为 127 个和 85 个。此外还可以看出,AG 1—IA 在侵染水稻时,AG 1—IA 中被激活差异表达的各类功能基因数量明显多于其侵染反枝苋时的数量。产生这一现象的原因可能是 AG 1—IA 与不同寄主互作时的识别机制和侵染策略的差异性。另外,不同寄主植物的免疫系统差异性可能是一个影响因素。

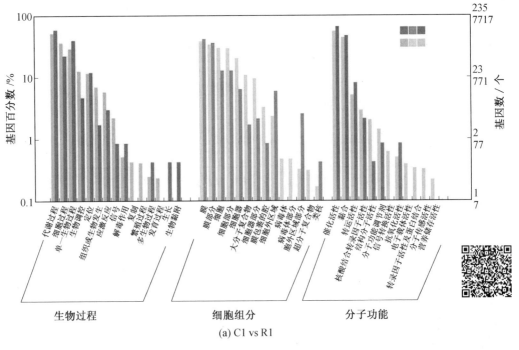

图 3.6　AG 1—IA 侵染水稻差异表达基因 GO 注释分类统计图

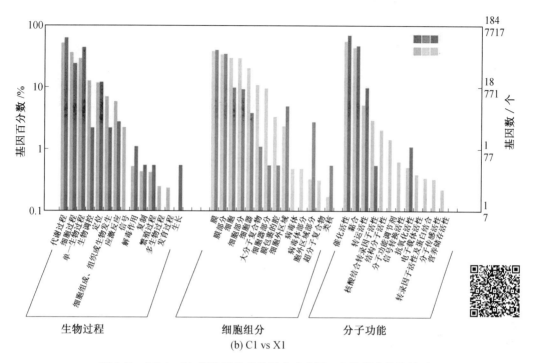

(b) C1 vs X1

图 3.7　AG 1－IA 侵染反枝苋差异表达基因 GO 注释分类统计图

2. 差异表达基因的 COG 分类

水稻纹枯病菌 AG 1－IA 侵染不同寄主时的差异表达基因 COG 分类统计结果显示（表 3.10），在 AG 1－IA 的差异表达基因 COG 注释上，侵染水稻和反枝苋处理间存在较大的差异。在 AG 1－IA 侵染水稻处理中，能量生产和转换中差异基因数目（23 个）占比最多。其次，碳水化合物运输和代谢基因 22 个，次生代谢物合成、运输和分解代谢基因 20 个，防御机制基因 18 个，一般功能预测基因 17 个，氨基酸运输和代谢基因 16 个，无机离子运输与代谢基因 16 个。在 AG 1－IA 侵染反枝苋处理中，次生代谢物的生物合成、运输和分解代谢中差异基因数目（18 个）占比最多。其次，无机离子运输和代谢基因 17 个，一般功能预测基因 17 个，防御机制基因 16 条，能量生产和转换基因 14 个。

表 3.10　差异表达基因的 COG 注释分类

COG 分类内容	C1 vs R1	C1 vs X1	处理间差值
能源生产和转换	23	14	9
细胞周期控制、细胞分裂、染色体分裂	5	4	1
氨基酸运输和代谢	16	13	3
核苷酸运输和代谢	3	3	0
碳水化合物运输和代谢	22	13	9
辅酶运输和代谢	5	6	1

续表3.10

COG 分类内容	C1 vs R1	C1 vs X1	处理间差值
脂质转运与代谢	12	13	1
翻译、核糖体结构和生物发生	1	1	0
转录	2	1	1
复制、重组和修复	1	4	3
细胞壁/膜/包膜生物发生	14	7	7
翻译后修饰，蛋白质周转，伴侣	12	8	4
无机离子运输和代谢	16	17	1
次生代谢物的生物合成、运输和分解代谢	20	18	2
一般功能预测	17	17	0
未知功能	7	6	1
信号传导机制	2	1	1
细胞内运输、分泌和囊泡运输	1	1	0
防御机制	18	16	2
移动体、噬菌体、转座子	2	1	1
细胞骨架	1	0	1

研究发现，AG 1－IA 侵染不同寄主的差异表达基因数量在能量生产与转换、碳水化合物运输和代谢以及细胞壁/膜/包膜生物合成中存在较大差异。AG 1－IA 侵染水稻时的差异表达基因数量明显多于侵染反枝苋时的数量，推测这些差异基因可能参与 AG 1－IA 的寄主识别及侵染过程。

3. 差异表达基因的 KEGG 注释

KEGG 注释结果显示，水稻纹枯病菌 AG 1－IA 侵染水稻和反枝苋两处理的代谢通路存在较大的差异。由图 3.8 可知，AG 1－IA 侵染水稻时差异表达基因被注释到 KEGG 数据库的 48 个代谢通路中，其中抗生素生物合成（biosynthesis of antibiotics）、氨基酸生物合成（biosynthesis of amino acids）、淀粉和蔗糖代谢（starch and sucrose metabolism），以及碳代谢（carbon metabolism）通路中差异表达基因数量相对较多，分别为 17 个、11 个、7 个和 6 个。如图 3.9 所示，侵染反枝苋的 AG 1－IA 差异表达基因被注释到 KEGG 数据库的 43 个代谢通路中，其中抗生素生物合成（biosynthesis of antibiotics）、酪氨酸代谢（tyrosine metabolism）、氨基酸生物合成（biosynthesis of amino acids）、甘油磷脂代谢（glycerophospholipid metabolism）、核黄素代谢（riboflavin metabolism）和碳代谢（carbon metabolism）通路中差异表达基因数量相对较多，分别为 8 个、6 个、5 个、5 个、6 个和 6 个。

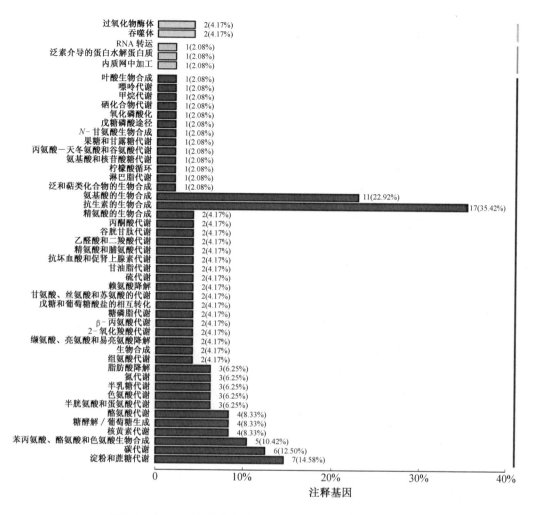

图 3.8　AG 1－IA 侵染水稻差异表达基因的 KEGG 通路分析

4. 差异表达基因 KEGG 通路富集分析

KEGG 通路富集结果(图 3.10)显示,水稻纹枯病菌 AG 1－IA 侵染两个不同寄主的差异基因通路富集结果存在明显不同。在 AG 1－IA 侵染水稻处理中,AG 1－IA 差异基因中的抗生素的生物合成(biosynthesis of antibiotics)、苯基丙氨酸、酪氨酸和色氨酸的生物合成(phenylalanine, tyrosine and tryptophan biosynthesis),以及氨基酸生物合成(biosynthesis of amino acids)通路出现显著富集($q < 0.05$)。在水稻纹枯病菌 AG 1－IA 侵染反枝苋处理中,AG 1－IA 的差异表达基因中核黄素代谢(riboflavin metabolism)、氮代谢(nitrogen metabolism)、酪氨酸代谢(tyrosine metabolism)和硫代谢(sulfur metabolism)通路出现显著富集。

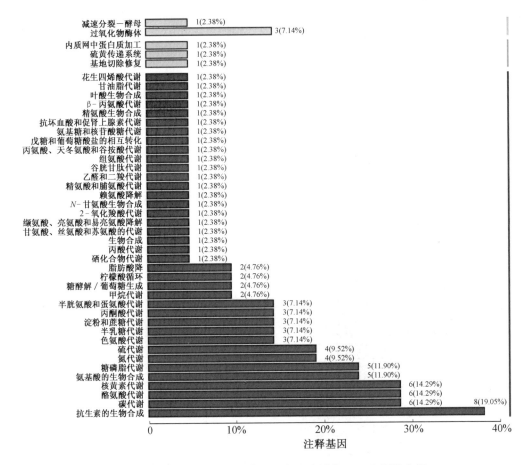

图 3.9　AG 1－IA 侵染反枝苋差异表达基因的 KEGG 通路分析

3.3.9　水稻纹枯病菌 AG 1－IA 侵染不同寄主的差异表达基因分析

1. 效应子预测

利用 EffectorP 工具,对水稻纹枯病菌 AG 1－IA 侵染不同寄主的差异表达基因进行真菌效应蛋白预测。结果见表 3.11,AG 1－IA 侵染不同寄主的差异表达基因中预测有 65 个效应子基因,其中 25 个效应子基因在 AG 1－IA 侵染水稻时差异表达,包含 13 个上调基因和 12 个下调基因。有 16 个效应子基因在 AG 1－IA 侵染反枝苋时差异表达,包含 8 个上调基因和 8 个下调基因。此外,有 24 个效应子基因在 AG 1－IA 侵染水稻和反枝苋时均差异表达,包含 7 个上调基因和 17 个下调基因。

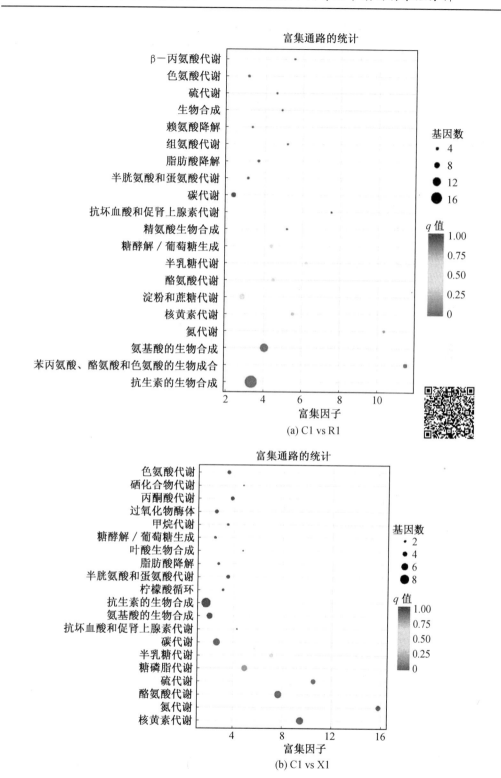

图 3.10　水稻纹枯病菌 AG 1－IA 侵染不同寄主的差异表达基因 KEGG 通路富集散点图

表 3.11 水稻纹枯病菌 AG 1−IA 侵染不同寄主中效应子预测

基因	$\log_2(FC)$ (R_1/C_1)	$\log_2(FC)$ (X_1/C_1)	基因	$\log_2(FC)$ (R_1/C_1)	$\log_2(FC)$ (X_1/C_1)
AG1IA_01429. gene	−1.34	−1.07	AG1IA_08329. gene	1.55	1.36
AG1IA_03171. gene	−1.14	−1.22	AG1IA_08851. gene	−1.51	−2.11
AG1IA_03211. gene	−2.13	−1.48	AG1IA_09849. gene	−1.08	−1.88
AG1IA_03543. gene	−3.56	−1.40	AG1IA_09930. gene	1.40	2.19
AG1IA_04050. gene	−3.22	−3.26	AG1IA_10260. gene	−1.20	−1.70
AG1IA_05243. gene	1.19	1.41	AG1IA_10344. gene	−1.84	−1.78
AG1IA_05743. gene	1.25	2.07	AG1IA_10403. gene	−1.35	−2.67
AG1IA_05751. gene	−1.41	−1.27	R_solani_newGene_6	3.39	1.65
AG1IA_05859. gene	−1.20	−1.04	R_solani_newGene_559	3.39	1.65
AG1IA_07258. gene	−2.66	−2.69	R_solani_newGene_703	−4.58	−5.88
AG1IA_07727. gene	−2.35	−2.28	R_solani_newGene_1580	2.83	1.94
AG1IA_08099. gene	1.24	1.43	R_solani_newGene_3058	−1.04	−1.31
AG1IA_00016. gene	1.08	—	AG1IA_04255. gene	−1.27	—
AG1IA_01042. gene	1.65	—	AG1IA_04553. gene	−1.12	—
AG1IA_02368. gene	−1.12	—	AG1IA_04762. gene	1.14	—
AG1IA_03371. gene	−1.59	—	AG1IA_04872. gene	−1.34	—
AG1IA_03656. gene	1.91	—	AG1IA_04890. gene	−1.23	—
AG1IA_04923. gene	1.37	—	AG1IA_08488. gene	1.06	—
AG1IA_05740. gene	−2.20	—	AG1IA_08926. gene	1.29	—
AG1IA_06628. gene	1.30	—	AG1IA_08995. gene	1.18	—
AG1IA_07720. gene	1.71	—	AG1IA_09517. gene	−1.12	—
AG1IA_07845. gene	1.63	—	AG1IA_09932. gene	−1.01	—
AG1IA_09950. gene	−1.19	—	R_solani_newGene_1522	−1.01	—
AG1IA_10295. gene	2.33	—	R_solani_newGene_1629	1.57	—
R_solani_newGene_650	−1.41	—	AG1IA_07075. gene	—	−1.20
AG1IA_01863. gene	—	2.15	AG1IA_08801. gene	—	2.04
AG1IA_02165. gene	—	1.01	AG1IA_09203. gene	—	−1.05
AG1IA_03104. gene	—	−1.00	AG1IA_09514. gene	—	−1.26
AG1IA_03718. gene	—	−2.16	AG1IA_09803. gene	—	1.47
AG1IA_05291. gene	—	1.01	R_solani_newGene_43	—	1.64
AG1IA_05455. gene	—	−1.03	R_solani_newGene_301	—	1.63
AG1IA_05886. gene	—	1.04	R_solani_newGene_2290	—	−1.04
AG1IA_06904. gene	—	−1.50			

注：$\log_2(FC)(R_1/C_1)$ 为水稻纹枯病菌 AG 1−IA 侵染水稻时基因的相对表达量，$\log_2(FC)(X_1/C_1)$ 为水稻纹枯病菌 AG 1−IA 侵染反枝苋时基因的相对表达量，下同。

2. 致病相关基因的预测

利用 PHIB－BLAST 工具,将水稻纹枯病菌 AG 1－IA 侵染不同寄主的差异表达基因的氨基酸序列与寄主－病原物互作(PHI)数据库进行比对,筛选阈值 $P<1.0^{-5}$。比对结果显示,AG 1－IA 侵染水稻的差异表达基因中共有 105 个基因与已知的致病基因相匹配,其中增强毒力基因 7 个,降低毒力基因 56 个,不影响致病力基因 33 个,丧失致病力基因 7 个,致死相关基因 2 个。AG 1－IA 侵染反枝苋的差异表达基因中共有 90 个基因与已知的致病基因相匹配,其中增强毒力基因 7 个,降低毒力基因 41 个,不影响致病力基因 37 个,丧失致病力基因 4 个和致死相关基因 1 个(图3.11)。

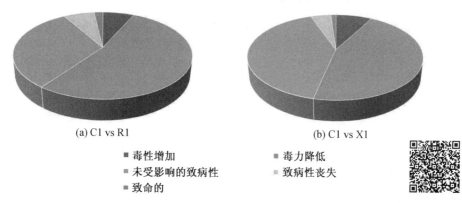

(a) C1 vs R1　　　　　　　　　　　　　(b) C1 vs X1

■ 毒性增加　　　　　　　　　■ 毒力降低
■ 未受影响的致病性　　　　　■ 致病性丧失
■ 致命的

图 3.11　水稻纹枯病菌 AG 1－IA 侵染不同寄主的差异表达基因中与致病相关基因预测

水稻纹枯病菌 AG 1－IA 侵染不同寄主的差异表达中共有 65 个降低毒力基因,其中 32 个基因在 AG 1－IA 侵染水稻和反枝苋时均差异表达,24 个基因在 AG 1－IA 侵染水稻时差异表达,9 个基因在 AG 1－IA 侵染反枝苋时差异表达。AG 1－IA 侵染不同寄主的差异表达中共有 7 个丧失致病力基因,其中 3 个基因在 AG 1－IA 侵染水稻和反枝苋时均差异表达,4 个基因在 AG 1－IA 侵染水稻时差异表达,1 个基因仅在 AG 1－IA 侵染反枝苋时差异表达。2 个致死相关基因在 AG 1－IA 侵染水稻时差异表达,1 个致死相关基因在 AG 1－IA 侵染反枝苋时差异表达。研究发现,AG 1－IA 侵染不同寄主的差异表达中共有 11 个增强毒力基因,均为邻甲基杂色曲霉素氧化还原酶(O－methylsterigmatocystin oxidoreductase)基因。致病相关基因见附录中的附表 1。

3. 次生代谢相关基因分析

毒素是植物病原真菌的重要致病因子,而毒素的产生与次生代谢密切相关。试验结果表明,水稻纹枯病菌 AG 1－IA 侵染水稻和反枝苋时,其差异表达的基因中有 39 个基因参与次生代谢过程(表 3.12)。细胞色素 P450 基因 *AG1IA_02594. gene*、*AG1IA_10295. gene*、*AG1IA_09843. gene*、*AG1IA_07129. gene*、*AG1IA_05224. gene*、*AG1IA_07927. gene*、*AG1IA_00723. gene*、*R_solani_newGene_*953 和 *R_solani_newGene_*1522,加双氧酶基因 *R_solani_newGene_*421,短链脱氢酶基因 *AG1IA_03302. gene*,多酮氧化酶基因 *AG1IA_09650. gene* 以及乙醇脱氢酶基因 *AG1IA_03190. gene* 在水稻纹枯病菌 AG

1－IA 侵染水稻时差异表达。

表 3.12 水稻纹枯病菌 AG 1－IA 侵染不同寄主中次生代谢相关的差异表达基因

基因	功能描述	$\log_2(FC)$ (R_1/C_1)	$\log_2(FC)$ (X_1/C_1)
AG1IA_02594.gene	细胞色素 P450	2.71	—
AG1IA_10295.gene	细胞色素 P450	2.33	—
AG1IA_09843.gene	细胞色素 P450	2.75	—
AG1IA_07129.gene	细胞色素 P450	1.32	—
AG1IA_05224.gene	细胞色素 P450	1.14	—
R_solani_newGene_953	细胞色素 P450	1.70	—
R_solani_newGene_1522	细胞色素 P450	−1.01	—
AG1IA_07927.gene	细胞色素 P450	−1.14	—
AG1IA_00723.gene	细胞色素 P450	−1.27	—
R_solani_newGene_421	加双氧酶	5.63	—
AG1IA_03302.gene	短链脱氢酶	1.10	—
AG1IA_09650.gene	多酮氧化酶	−1.48	—
AG1IA_03190.gene	乙醇脱氢酶	−1.06	—
AG1IA_03990.gene	细胞色素 P450	−1.32	−1.81
AG1IA_08293.gene	细胞色素 P450	−1.95	−2.50
AG1IA_01833.gene	细胞色素 P450	−1.42	−1.31
AG1IA_01832.gene	细胞色素 P450	−1.76	−1.57
R_solani_newGene_3332	细胞色素 P450	−1.14	−1.27
R_solani_newGene_3233	细胞色素 P450	−1.06	−1.46
R_solani_newGene_2398	细胞色素 P450	−1.35	−1.28
AG1IA_03152.gene	漆酶	4.29	3.02
AG1IA_08834.gene	漆酶	−1.31	−1.41
AG1IA_06531.gene	漆酶	−1.34	−1.55
R_solani_newGene_2722	漆酶	−2.38	−1.54
AG1IA_10014.gene	甲基转移酶	1.92	2.57
R_solani_newGene_657	苯甲酸 4－单氧酶	−1.12	−1.19
AG1IA_08249.gene	黄素氧化还原蛋白	−3.51	−1.34
AG1IA_02842.gene	二烯醇内酯水解酶	−2.37	−2.34
R_solani_newGene_2526	类固醇 2－β－羟化酶	−1.43	−1.25

续表3.12

基因	功能描述	$\log_2(FC)$ (R_1/C_1)	$\log_2(FC)$ (X_1/C_1)
AG1IA_10455.gene	细胞色素 P450	—	2.79
AG1IA_04060.gene	细胞色素 P450	—	1.46
AG1IA_03718.gene	细胞色素 P450	—	−2.16
AG1IA_09309.gene	细胞色素 P450	—	−1.38
R_solani_newGene_2590	细胞色素 P450	—	−1.32
R_solani_newGene_895	锌结合脱氢酶	—	2.99
R_solani_newGene_3090	多酮氧化酶	—	1.13
AG1IA_03269.gene	铁/抗坏血酸盐氧化还原酶	—	1.21
AG1IA_01362.gene	非核糖体多肽合成酶	—	−1.05
R_solani_newGene_1490	短杆菌酪肽合成酶	—	1.18

　　细胞色素 P450 基因 *AG1IA_03990.gene*、*AG1IA_08293.gene*、*AG1IA_01833.gene*、*AG1IA_01832.gene*、*R_solani_newGene_3332*、*R_solani_newGene_3233* 和 *R_solani_newGene_2398*，漆酶基因 *AG1IA_03152.gene*、*AG1IA_08834.gene*、*AG1IA_06531.gene* 和 *R_solani_newGene_2722*，甲基转移酶基因 *AG1IA_10014.gene*，苯甲酸 4－单氧酶基因 *R_solani_newGene_657*，黄素氧化还原蛋白基因 *AG1IA_08249.gene*，二烯醇内酯水解酶基因 *AG1IA_02842.gene*，以及类固醇 2－β－羟化酶基因 *R_solani_newGene_2526* 在 AG 1－IA 侵染水稻和反枝苋处理中均呈差异表达。

　　细胞色素 P450 基因 *AG1IA_10455.gene*、*AG1IA_04060.gene*、*AG1IA_03718.gene*、*AG1IA_09309.gene* 和 *R_solani_newGene_2590*，锌结合脱氢酶基因 *R_solani_newGene_895*，多酮氧化酶基因 *R_solani_newGene_3090*，铁/抗坏血酸盐氧化还原酶基因 *AG1IA_03269.gene*，非核糖体多肽合成酶基因 *AG1IA_01362.gene*，以及短杆菌酪肽合成酶基因 *R_solani_newGene_1490* 在 AG 1－IA 侵染反枝苋时差异表达。

4. 碳水化合物活性酶相关基因分析

　　碳水化合物活性酶(carbohydrate active enzymes,CAZymes)参与糖类物质的合成与降解,同时这类酶在植物病原真菌突破寄主植物细胞壁屏障中起重要作用。试验结果表明,糖苷水解酶 GH13 基因 *AG1IA_06735.gene*,GH15 基因 *AG1IA_07560.gene*、*AG1IA_02474.gene*、*AG1IA_04992.gene* 和 *AG1IA_09932.gene*,GH16 基因 *AG1IA_04549.gene*,以及 GH5 基因 *R_solani_newGene_2791* 在 AG 1－IA 侵染水稻时下调表达。GH5 基因 *AG1IA_07850.gene*,GH31 基因 *AG1IA_07787.gene* 和 *AG1IA_07805.gene*,GH32 基因 *AG1IA_08014.gene*,以及 GH92 基因 *AG1IA_08241.gene* 在 AG 1－

IA 侵染水稻和反枝苋时均下调表达。糖基转移酶 GT32 基因 $AG1IA\_00523.gene$ 在 AG 1—IA 侵染水稻时下调表达。UDP 糖基转移酶基因 $AG1IA\_05135.gene$ 在 AG 1—IA 侵染反枝苋时上调表达。糖基转移酶基因 $AG1IA\_06016.gene$ 在 AG 1—IA 侵染反枝苋时下调表达(表 3.13)。

表 3.13　水稻纹枯病菌 AG 1—IA 侵染不同寄主差异表达的碳水化合物活性酶基因

基因	功能描述	$\log_2(\mathrm{FC})$ (R_1/C_1)	$\log_2(\mathrm{FC})$ (X_1/C_1)
$AG1IA\_06735.gene$	糖基转移酶家族 13	−1.60	—
$AG1IA\_07560.gene$	糖基转移酶家族 15	−1.02	—
$AG1IA\_02474.gene$	糖基转移酶家族 15	−1.26	—
$AG1IA\_04992.gene$	糖基转移酶家族 15	−1.07	—
$AG1IA\_09932.gene$	糖基转移酶家族 15	−1.01	—
$AG1IA\_04549.gene$	糖基转移酶家族 16	−1.13	—
$R\_solani\_newGene\_2791$	糖基转移酶家族 5	−1.43	—
$AG1IA\_07850.gene$	糖基转移酶家族 5	−2.47	−2.40
$AG1IA\_07787.gene$	糖基转移酶家族 31	−2.53	−1.92
$AG1IA\_07805.gene$	糖基转移酶家族 31	−1.56	−1.33
$AG1IA\_08014.gene$	糖基转移酶家族 32	−1.74	−1.69
$AG1IA\_08241.gene$	糖基转移酶家族 92	−1.78	−1.34
$AG1IA\_00523.gene$	糖基转移酶家族 32	−1.71	—
$AG1IA\_05135.gene$	UDP—糖基转移酶	—	1.11
$AG1IA\_06016.gene$	糖基转移酶	—	−1.19

5. 转录因子分析

转录因子在细胞信号通路的控制下协调基因表达,是细胞功能的关键调控因子。本试验发现了 5 个差异表达的转录因子(表 3.14)。它们分别是 Zn2—Cys6 型转录因子基因 $AG1IA\_06221.gene$、$R\_solani\_newGene\_2$ 和 $AG1IA\_09328.gene$,C2H2 型锌指结构的转录因子基因 $AG1IA\_05521.gene$,GATA 转录因子基因 $AG1IA\_03401.gene$。当 AG 1—IA 侵染水稻时,$AG1IA\_06221.gene$ 和 $AG1IA\_05521.gene$ 呈上调表达,$R\_solani\_newGene\_2$ 和 $AG1IA\_09328.gene$ 呈下调表达。$AG1IA\_03401.gene$ 在 AG 1—IA 侵染水稻和反枝苋过程中均呈上调表达,并且在 AG 1—IA 侵染水稻时,该转录因子表达量明显高于侵染反枝苋处理。

表 3.14　水稻纹枯病菌 AG 1－IA 侵染不同寄主时差异表达的转录因子

基因	功能描述	$\log_2(\mathrm{FC})$ (R_1/C_1)	$\log_2(\mathrm{FC})$ (X_1/C_1)
AG1IA_06221.gene	Zn2－Cys6 型转录因子	3.29	—
AG1IA_05521.gene	C2H2 型锌指结构的转录因子	1.03	—
R_solani_newGene_2	Zn2－Cys6 型转录因子	−1.31	—
AG1IA_09328.gene	Zn2－Cys6 型转录因子	−1.57	—
AG1IA_03401.gene	GATA 转录因子	1.47	1.01

6. 信号途径相关基因分析

病原真菌在侵染寄主时通常需要对寄主进行识别,因此,其侵染过程必然涉及一些信号分子。转录组数据结果显示,水稻纹枯病菌 AG 1－IA 在侵染过程中一些信号分子显著差异表达(表 3.15)。GTP 结合蛋白(small G－proteins)是真核生物中的一类信号开关分子,通过结合 GTP 的活化形式和结合 GDP 的非活化形式影响下游效应因子进而调控多种信号传导和代谢等过程。

表 3.15　水稻纹枯病菌 AG 1－IA 侵染不同寄主中信号途径相关的差异表达基因

基因	功能描述	$\log_2(\mathrm{FC})$ (R_1/C_1)	$\log_2(\mathrm{FC})$ (X_1/C_1)
AG1IA_08726.gene	响应调节器接收器域	1.06	—
AG1IA_09453.gene	丝氨酸/苏氨酸蛋白激酶	−1.01	—
R_solani_newGene_723	羧酸酯酶	−3.48	—
AG1IA_08909.gene	OPT 寡肽转运蛋白	1.72	1.56
R_solani_newGene_2709	乙酰胆碱酯酶	1.76	1.25
AG1IA_03543.gene	NO 合酶	−3.56	−1.40
R_solani_newGene_731	羧酸酯酶	−1.05	−1.11
AG1IA_00611.gene	酪氨酸激酶结构域	—	1.21
AG1IA_00381.gene	DNA 光解酶	—	1.17
R_solani_newGene_1124	乙酰胆碱酯酶	—	−1.35

在转录组差异表达基因数据中,*AG1IA_08196.gene* 被注释为 GTP 结合蛋白。该基因在 AG 1－IA 侵染水稻过程中显著上调表达。*AG1IA_08726.gene* 中包含 HATPase_c(Histidine kinase－like ATPases)和 Response_reg(response regulator receiver domain)结构域,在 AG 1－IA 侵染水稻过程中显著上调表达。丝氨酸/苏氨酸蛋白激酶基因 *AG1IA_09453.gene* 和羧酸酯酶基因 *R_solani_newGene_723* 在 AG 1－IA 侵染水稻

时显著下调表达。AG1IA_08909.gene 在转录组数据中被注释具有 OPT 寡肽转运蛋白行使跨膜运输功能,该基因和乙酰胆碱酯酶基因 R_solani_newGene_2709 在侵染水稻和反枝苋叶片中均上调表达。NO 合酶基因 AG1IA_03543.gene 和羧酸酯酶基因 R_solani_newGene_731 在 AG 1－IA 侵染水稻和反枝苋叶片过程中均下调表达。在 AG1IA_00611.gene 基因中包含酪氨酸激酶结构域。酪氨酸激酶是蛋白激酶的一个亚类,它能够把磷酸基从 ATP 转移至其他氨基酸(如丝氨酸和苏氨酸)上。蛋白激酶磷酸化是细胞内信号传导和调节细胞活动的重要机制。AG1IA_00611.gene 和 DNA 光解酶基因 AG1IA_00381.gene 在水稻纹枯病菌 AG 1－IA 侵染反枝苋叶片中上调表达。乙酰胆碱酯酶基因 R_solani_newGene_1124 在 AG 1－IA 侵染反枝苋叶片中下调表达。

7. 金属蛋白酶基因分析

植物病原真菌利用水解酶对大分子营养物质进行外部消化,而具有蛋白水解活性的水解酶最为重要,其中金属蛋白酶是一类活性中心依赖于金属离子的蛋白水解酶。本研究中,AG 1－IA 侵染不同寄主的差异表达基因中有 9 个金属蛋白酶基因(表 3.16)。其中,金属蛋白酶基因 AG1IA_00304.gene 和 AG1IA_08504.gene 仅在 AG 1－IA 侵染水稻时上调表达。AG1IA_06375.gene、AG1IA_03516.gene、R_solani_newGene_784 和 R_solani_newGene_1864 在 AG 1－IA 侵染两种寄主时均上调表达,并在侵染水稻时其表达量高于侵染反枝苋。AG1IA_10260.gene 在 AG 1－IA 侵染两种寄主时均下调表达。AG 1－IA 金属蛋白酶基因 R_solani_newGene_131 和 R_solani_newGene_2626 在 AG 1－IA 侵染反枝苋过程中上调表达。

表 3.16　水稻纹枯病菌 AG 1－IA 侵染不同寄主时差异表达的金属蛋白酶基因

基因	功能描述	$\log_2(FC)$ (R_1/C_1)	$\log_2(FC)$ (X_1/C_1)
AG1IA_00304.gene	金属蛋白酶	1.86	—
AG1IA_08504.gene	金属蛋白酶 MEP2	1.57	—
AG1IA_06375.gene	M35 金属蛋白酶	3.39	2.07
AG1IA_03516.gene	金属蛋白酶	2.37	1.14
R_solani_newGene_784	金属蛋白酶	2.39	1.81
R_solani_newGene_1864	胞外蛋白酶	3.55	2.81
AG1IA_10260.gene	胞外蛋白酶	−1.20	−1.70
R_solani_newGene_131	胞外蛋白酶	—	1.27
R_solani_newGene_2626	胞外蛋白酶	—	1.17

3.3.10　水稻纹枯病菌 AG 1-IA 致病相关基因的 qRT-PCR 分析

1. 细胞色素 P450 基因 *ag1ia_05224* 的表达分析

细胞色素 P450(cytochrome P450,CYP)主要分布在内质网和线粒体内膜上,作为一种末端加氧酶,其参与生物体内的甾醇类激素合成等过程。试验结果表明,水稻纹枯病菌 AG 1-IA 的细胞色素 P450 基因 *ag1ia_05224* 在 AG 1-IA 侵染不同寄主过程中的时序性表达模式相似。该基因的相对表达量均在侵染 12 h 时达到最大值,然后随着侵染时间的延长,基因相对表达量呈现逐渐降低的趋势(图 3.12),表现出表达量先上调再回到原始表达量的短脉冲模式。另外,从试验结果还可看出,虽然 *ag1ia_05224* 在 AG 1-IA 侵染水稻和反枝苋过程中的时序性表达模式均为短脉冲模式,但在表达强度上有较大差异。AG 1-IA 的细胞色素 P450 基因 *ag1ia_05224* 在其侵染水稻过程中的相对表达量高于其侵染反枝苋时的相对表达量。在 AG 1-IA 侵染水稻叶片 12~48 h 过程中的 *ag1ia_05224* 相对表达量分别为 5.60、3.86、2.96 和 1.34,而在其侵染反枝苋叶片过程中的相对表达量分别为 2.61、1.20、1.10 和 0.55。

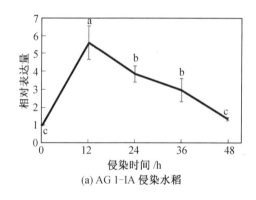 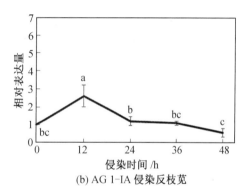

图 3.12　AG 1-IA 侵染水稻和反枝苋过程中 *ag1ia_05224* 基因表达分析

2. C2H2 型锌指蛋白基因 *ag1ia_05521* 的表达分析

C2H2 型锌指蛋白(C2H2 type zinc finger protein)是真核生物中能够特异性结合 DNA 序列的超大家族。试验结果显示,C2H2 型锌指蛋白基因 *ag1ia_05521* 在水稻纹枯病菌 AG 1-IA 侵染水稻和反枝苋过程中的表达模式存在明显的差异(图 3.13)。在侵染水稻过程中,AG 1-IA 中 *ag1ia_05521* 基因的相对表达量呈现出随着侵染时间延长先逐渐增加,再逐渐降低的短脉冲式表达模式。在 AG 1-IA 侵染水稻 0~24 h 过程中,*ag1ia_05521* 基因的相对表达量由 1 增加至 3.04;在侵染 24~48 h 过程中,*ag1ia_05521* 基因的相对表达量由 3.04 降低至 1.28。在侵染反枝苋过程中,*ag1ia_05521* 基因表达呈现早期无变化,而后期显著上调表达的时序特征。在侵染前 36 h,AG 1-IA 中 *ag1ia_05521* 基因的相对表达量并不随时间延长而发生显著性变化,而在侵染 48 h 时,该基因的相对表达量迅速增加至 2.23。

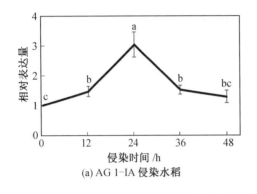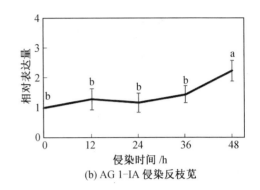

(a) AG 1−IA 侵染水稻   (b) AG 1−IA 侵染反枝苋

图 3.13   AG 1−IA 侵染水稻和反枝苋过程中 *aglia*_05521 基因表达分析

3. GTP 结合蛋白基因 *ag1ia*_08196 的表达分析

GTP 结合蛋白(small G−proteins)是真核生物中的一类信号开关分子,通过结合 GTP 的活化形式和结合 GDP 的非活化形式影响下游效应因子进而调控多种信号传导和代谢等过程。由图 3.14 可以看出,水稻纹枯病菌 AG 1−IA 的 GTP 结合蛋白基因 *aglia*_08196 随着 AG 1−IA 侵染水稻叶片 12~48 h 过程中相对表达量呈逐渐上升趋势,分别为 3.26、7.98、9.30 和 10.97。因此,AG 1−IAGTP 结合蛋白基因 *aglia*_08196 在 AG 1−IA 侵染水稻过程中的时序表达模式是典型的持续式模式。在侵染反枝苋 0~36 h 期间,AG 1−IAGTP 结合蛋白基因 *aglia*_08196 相对表达量较低,表达量值在 0.95~1.48 之间,各时间段变化不显著;而在 48 h 时,*aglia*_08196 相对表达量迅速上调至 12.11。因此,在 AG 1−IA 侵染反枝苋时,*aglia*_08196 基因的时序表达模式呈现早期无变化而后期显著上调的表达特征。

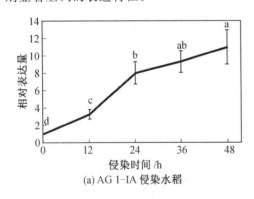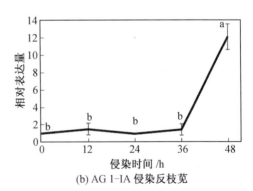

(a) AG 1−IA 侵染水稻   (b) AG 1−IA 侵染反枝苋

图 3.14   AG 1−IA 侵染水稻和反枝苋过程中 *aglia*_08196 基因表达分析

4. 金属蛋白酶基因 *ag1ia*_08504 的表达分析

试验结果表明,在水稻纹枯病菌 AG 1−IA 侵染水稻和反枝苋过程中,虽然 AG 1−IA 的金属蛋白酶 MEP2 基因 *aglia*_08504 呈现出相似的基因时序表达模式,但在基因表达强度上有明显差异(图 3.15)。在侵染水稻和反枝苋时,AG 1−IA 的 *aglia*_08504 基因均表现为在侵染 0~24 h 期间的相对表达量较低,并且各时间段差异不显著;当侵染时间到达 36 h 时,*aglia*_08504 的相对表达量开始大幅度增加。在 AG 1－IA 侵染水稻 36 h 和 48 h 时,AG 1－IA 的 *aglia*_08504 基因相对表达量分别为 6.18 和 7.75,而在侵染反枝苋处理中,相对表达量分别为 3.85 和 5.26。

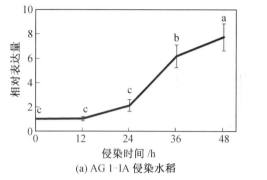
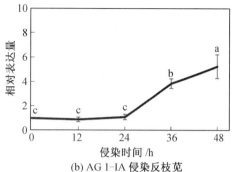

(a) AG 1-IA 侵染水稻　　　　(b) AG 1-IA 侵染反枝苋

图 3.15　AG 1－IA 侵染水稻和反枝苋过程中 *aglia*_08504 基因表达分析

5. 双组分信号基因 *aglia*_08726 的表达分析

基因 *aglia*_08726 中包含 HATPase_c(Histidine kinase－like ATPases)和 Response_reg(response regulator receiver domain)结构域,具有信号传导功能。试验结果表明,*aglia*_08726 基因在水稻纹枯病菌 AG 1－IA 侵染水稻叶片过程中的基因表达时序模式为短脉冲模式。在 AG 1－IA 侵染 0 h 时,其 *aglia*_08726 基因相对表达量极低,当侵染延长至 12 h 时,*aglia*_08726 基因的相对表达量激增,达到 16.4(图 3.16(a))。当侵染时间延长至 24 h 时,*aglia*_08726 基因的相对表达量显著下降至 6.86,较 12 h 降低 58.17%,当侵染时间延长至 36 h 时,*aglia*_08726 基因的相对表达量进一步降低,但仍显著高于 0 h。随着侵染时间延长至 48 h 时,*aglia*_08726 基因的相对表达量不再发生显著变化。

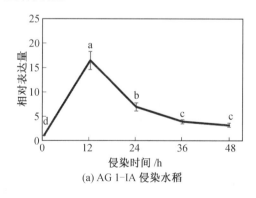
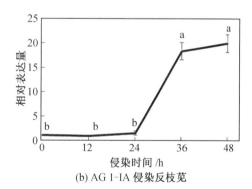

(a) AG 1-IA 侵染水稻　　　　(b) AG 1-IA 侵染反枝苋

图 3.16　AG 1－IA 侵染水稻和反枝苋过程中 *aglia*_08726 基因表达分析

从图 3.16(b)可以看出,水稻纹枯病菌 AG 1－IA 侵染反枝苋过程中 *aglia*_08726 基因的表达模式与侵染水稻的表达模式存在显著的差异。在侵染 0～24 h 期间,*aglia*_08726 基因的相对表达量较低,数值小于 1.49,并且各时间段之间没有显著变化。当侵染时间延长至 36 h 时,aglia_08726 基因的相对表达量则激增至 18.36。虽然侵染时间进一步延长至 48 h 时,该基因的相对表达量有所增加,但与 36 h 的相对表达量间无显著性差异。

3.4 讨　论

转录组数据分析发现,水稻纹枯病菌 AG 1－IA 侵染水稻共鉴定出差异表达基因 325 个,侵染反枝苋共鉴定出差异表达基因 257 个。对差异表达基因进行 GO 分类发现,AG 1－IA 侵染不同寄主注释到代谢过程、膜和催化活性中的差异表达基因数目最多。表明 AG 1－IA 在侵染初期存在大量参与调控细胞代谢过程、催化活性、细胞生理过程和结合功能的基因。COG 分类指出,AG 1－IA 侵染水稻叶片差异表达基因在能源生产和转换,碳水化合物运输和代谢,以及次生代谢物合成、运输和分解代谢中差异基因数目占比相对较多。AG 1－IA 侵染反枝苋叶片中,次生代谢物的生物合成、运输和分解代谢,防御机制,以及一般功能预测中差异基因数目占比相对较多。基于 KEGG 数据库分类,AG 1－IA 侵染水稻中差异表达基因被注释到 48 个代谢通路中,其中抗生素生物合成、氨基酸生物合成和碳代谢通路中差异表达基因数量相对较多。AG 1－IA 侵染反枝苋中差异基因注释到 43 个代谢通路中,其中抗生素生物合成、酪氨酸代谢、氨基酸生物合成、甘油磷脂代谢、核黄素代谢和碳代谢通路中差异表达基因数量相对较多。上述结果表明,水稻纹枯病菌 AG 1－IA 侵染不同寄主时,其代谢通路存在非常大的差异。

细胞色素 P450 是一类广泛的血红素蛋白超家族末端单加氧酶,是生物界中最具有催化多样性的催化剂,能催化内源性物质的生物合成和降解或者对外源物质起解毒和活化作用,同时也参与病原菌的致病过程,如致病因子毒素的产生。细胞色素 P450 在生物体内数量也较庞大。据文献报道,脉孢菌属(*Neurospora* spp.)中有 41 个 P450,米曲霉(*Aspergillus oryzae*)中有 152 个 P450,在水稻纹枯病菌 AG 1－IA 基因组中有 68 个假定细胞色素 P450 基因。在本研究中,水稻纹枯病菌 AG 1－IA 侵染水稻和反枝苋 22 h 时,在 AG 1－IA 中上调表达的细胞色素 P450 基因分别有 16 个和 12 个。说明在 AG 1－IA 中细胞色素 P450 基因参与 AG 1－IA 的侵染过程。此外,qRT－PCR 分析结果还显示,细胞色素 P450 基因 aglia_05224.gene 在 AG 1－IA 侵染水稻和反枝苋过程中的时序表达模式均为短脉冲模式,但在表达强度上有较大差异。这些结果说明,水稻纹枯病菌 AG 1－IA 在与不同寄主互作时,AG 1－IA 中各类细胞色素 P450 基因的参与程度不同,这可能也导致了 AG 1－IA 对寄主侵染具有选择性。

转录因子在细胞信号通路的控制下协调基因表达,是细胞功能的关键调控因子。本研究发现,AG 1－IA 中 Zn2－Cys6 型转录因子 aglia_06221.gene 和 C2H2 型锌指结构的转录因子 aglia_05521.gene 均在 AG 1－IA 侵染水稻时上调表达,而 GATA 锌指转录因子 aglia_03401.gene 在 AG 1－IA 侵染水稻和反枝苋时上调表达,且在侵染水稻时其表达量高于侵染反枝苋。Zn2－Cys6 型转录因子、C2H2 型锌指结构的转录因子和 GATA 锌指转录因子在 AG 1－IA 侵染不同寄主时的差异表达说明这 3 个转录因子可能参与调控 AG 1－IA 对不同寄主的选择性侵染。C2H2 型锌指蛋白是一个大的超家族,在真菌菌丝的生长发育、有性生殖、分生孢子的形成、耐药性、致病性以及胁迫应答等发挥重要作用。本研究的 qRT－PCR 结果显示,C2H2 型锌指蛋白基因 *aglia_05521.gene* 在 AG 1－IA 侵染水稻和侵染反枝苋时的时序性表达模式存在明显差异。这一结果指示了 C2H2 型锌指蛋白基因 *aglia_05521.gene* 在 AG 1－IA 侵染不同寄主时发挥不同的作用。此外,有研究表明,稻瘟病菌的 C2H2 转录因子 MoCRZ1 具有直接靶标基因 140 个,这些靶标基因涉及钙信号传导、小分子转运、离子体内平衡、细胞壁合成及维持,以及真菌毒性等。C2H2 型锌指蛋白基因 *aglia_05521.gene* 是否具有与 MoCRZ1 基因相似的特性还有待进一步研究。

　　真菌通过信号传导系统感受并将变化的环境信号因子级联传递至细胞内,引起特定的基因表达,参与调控细胞生长、发育、分裂和分化等诸多生理及病理过程。病原真菌需要通过对寄主环境的感知来实现致病过程。本研究结果表明,AG 1－IA 侵染不同寄主时一些信号分子显著上调表达,如信号分子 GTP 结合蛋白 *aglia_08196.gene* 和响应调节接收蛋白 *aglia_08726.gene* 在 AG 1－IA 侵染水稻时显著上调表达,信号分子 OPT 寡肽转运蛋白 *aglia_08909.gene* 和乙酰胆碱酯酶基因 *R_solani_newGene_2709* 在 AG 1－IA 侵染水稻和反枝苋叶片时均上调表达,信号分子酪氨酸激酶 *aglia_00611.gene* 和 DNA 光解酶基因 *aglia_00381.gene* 仅在 AG 1－IA 侵染反枝苋时上调表达。GTP 结合蛋白是真核生物中的一类信号开关分子,通过结合 GTP 的活化形式和结合 GDP 的非活化形式影响下游效应因子进而调控多种信号传导和代谢等过程。双组分信号传导系统(two－component signal regulations systems)普遍存在于各种原核生物的信号通路中,主要作用为感知、响应和适应各种环境、应激源和生长条件,能够调节细胞的趋化、黏附力、新陈代谢等生理功能及生物的致病性。本研究表明,GTP 结合蛋白基因 *aglia_08196.gene* 在 AG 1－IA 侵染水稻过程中的时序表达模式是典型的持续式模式,基因表达水平随侵染时间延长而逐渐增强,而在 AG 1－IA 侵染反枝苋时的基因时序表达模式表现为在侵染 0～36 h 时,*aglia_08196.gene* 基因的表达水平很低,并且各时间段的表达量无显著变化,当侵染时间达到 48 h,基因表达量急速增加。说明水稻纹枯病菌 AG 1－IA 在不同寄主识别和侵染过程中 GTP 结合蛋白基因 *aglia_08196.gene* 的响应调控机制不同。

　　双组分信号传导系统由传感器组氨酸激酶(histidine kinase)和其同源反应调节器(response regulator)组成。双组分信号分子包含的 HATPase_c 结构域,一般存在于组氨酸激酶的 ATP 结合蛋白中,反应调节器结构域在细菌的双组分系统中接受来自传感器的信号,通常在 DNA 结合效应结构域的 N 端。双组分信号传导系统在植物病原真菌响应环境胁迫和侵染过程中起着重要的调控作用。稻瘟病菌的双组分系统基因

MoSLN1 调控病原真菌的细胞壁完整性、过氧化物酶活性和致病力。核盘菌组氨酸激酶基因 *Shk1* 参与营养分化、菌核形成和甘油积累,同时调控病原真菌对高渗和氧化应激以及对杀真菌剂的敏感性。qRT-PCR 结果表明,双组分信号基因 *aglia_08726.gene* 在水稻纹枯病菌 AG 1-IA 侵染水稻叶片过程中的基因表达时序性模式为短脉冲模式,即基因表达量先升高然后降低。该基因在 AG 1-IA 侵染反枝苋时的时序性表达模式表现为侵染 0~24 h 期间,*aglia_08726.gene* 基因的相对表达量较低,并且各时间段之间没有显著变化,当侵染时间延长至 36 h 时,*aglia_08726.gene* 基因的相对表达量则激增近13 倍。这一结果说明,双组分信号分子参与了水稻纹枯病菌 AG 1-IA 的致病过程,但在侵染不同寄主时,AG 1-IA 的双组分信号传导系统响应机制存在差异。

在真菌中,细胞外蛋白酶水解蛋白一般为提供营养或软化寄主组织进行菌丝扩张。研究发现须癣菌(*Trichophyton mentagrophytes*)的金属蛋白酶(Mep)M36 家族是须癣菌入侵寄主的重要毒力因子,其与须癣菌的致病性密切相关。本研究发现水稻纹枯病菌AG 1-IA 在侵染水稻和反枝苋时共有 9 个金属蛋白酶基因差异表达,其中 4 个金属蛋白酶在 AG-1 IA 侵染两种寄主时均上调表达,且在侵染水稻时的表达量高于侵染反枝苋,1 个金属蛋白酶基因在 AG-1 IA 侵染两种寄主时均下调表达。金属蛋白酶基因 *aglia_00304.gene* 和 *aglia_08504.gene* 在 AG 1-IA 侵染水稻时上调表达,此外还有两个金属蛋白酶仅在 AG 1-IA 侵染反枝苋时上调表达。*aglia_08504.gene* 属于胞外真菌蛋白酶家族(肽酶 M36 家族)中的基质金属蛋白酶。该基因在 AG 1-IA 侵染水稻和反枝苋过程中的时序表达模式相似,0~24 h 期间基因相对表达量变化不显著,在 36 h 后基因表现出上调表达。这说明,*aglia_08504.gene* 在响应 AG 1-IA 侵染水稻和反枝苋时的机制是相似的。

3.5 结 论

转录组分析显示,AG 1-IA 侵染水稻时有差异表达基因 325 个,其中有 49 个效应子,并有 105 个基因与已知致病基因相匹配;AG 1-IA 侵染反枝苋时有差异表达基因257 个,包含 40 个效应子,并有 90 个基因与已知致病基因相匹配。与能量生产与转换、碳水化合物运输与代谢,以及细胞壁/膜/包膜生物合成相关的基因可能参与调节 AG 1-IA对寄主的选择性侵染。在 AG 1-IA 侵染不同寄主的差异表达基因中发现 39 个参与次生代谢的基因、15 个碳水化合物活性酶基因、5 个转录因子、11 个信号途径相关基因和 9个金属蛋白酶基因,推测这些基因的差异表达可能导致 AG 1-IA 对寄主识别和致病。AG 1-IA 中与致病相关的细胞色素 P450 基因 *aglia_05224*、C2H2 型锌指蛋白基因*aglia_05521*、GTP 结合蛋白基因 *aglia_08196*、金属蛋白酶基因 *aglia_08504* 和双组分信号基因 *aglia_08726* 在侵染不同寄主过程中均上调表达,但在表达模式和表达强度上具有一定差异,说明它们可能与调节 AG 1-IA 对寄主侵染的选择性有关。

第4章 水稻纹枯病菌 AG 5 侵染
不同寄主早期的转录组分析

4.1 试验材料

试验菌株为水稻纹枯病菌 AG 5(*R. solani* AG 5),分离自黑龙江省密山市稻区感染纹枯病水稻,由黑龙江八一农垦大学生物农药实验室保存。其余试验材料参照第 3.1 节。

4.2 试验方法

4.2.1 转录组分析样品的采集

(1)将水稻纹枯病菌 AG 5 接种至 PDA 培养基上 27 ℃条件下培养 3 d 后,在菌丝边缘部位打取 5 mm 菌丝块,置于 PDA 培养基上 27 ℃条件下培养 12 h。

(2)选取长势相近的水稻和反枝苋叶片在 1% 的 NaClO 溶液中浸泡 3 min 后,用灭菌水冲洗,然后浸入在 70% 的乙醇中 10 s,在灭菌水中冲洗 2 次后,用灭菌滤纸吸干叶片表面的水分。

(3)将水稻和反枝苋的离体叶片置于接种水稻纹枯病菌 AG 5 的培养基中,即步骤(1)中。将植物叶片背面紧贴在培养菌丝表面,27 ℃、12 h 光暗交替培养,22 h 后刮取叶片上的菌丝,并迅速用液氮进行冷冻,保存于 −80 ℃冰箱中。同时,将 AG 5 接种至 PDA 培养上作为对照组,培养条件和时间与对应的处理组保持一致。转录组测序样品的处理方式见表 4.1,每个处理设置 3 次重复。上述 18 个菌丝样品总 RNA 的提取与纯化由北京百迈客生物科技有限公司完成,对菌丝样品总 RNA 质量进行检测。首先用 1% 的琼脂糖凝胶进行电泳检测,确定菌丝样品总 RNA 未发生降解和污染,然后利用超微量分光光度计检测 RNA 的纯度,使用 RNA Assay Kit in Qubit 2.0 Flurometer 检测水稻纹枯病菌样总 RNA 的浓度,利用 Aligent 2100 Bioanalyzer 对菌丝样品总 RNA 的完整性进行测定。菌丝样品经检测合格后方可用于后续试验。

表 4.1　转录组测序样品的处理方式

样品	菌株	处理
C5	AG 5	PDA
R5	AG 5	侵染水稻叶片
X5	AG 5	侵染反枝苋叶片

4.2.2　转录组文库的构建

参照 3.2.2 节。

4.2.3　转录组文库的质控及上机测序

参照 3.2.3 节。

4.2.4　测序数据分析

测序获得的原始数据(raw reads)去除含有接头的 Reads 和低质量的 Reads($Q_{30}>$ 0.85),得到高质量的 clean data,并计算各样品的 Q_{20}、Q_{30} 及 GC 含量等基本信息。

无参转录组分析:C5、R5 和 X5 样品的 clean data,通过 Trinity 进行序列组装获得 Unigene,然后进行功能注释。使用 BLAST 软件将 Unigene 序列与 NR、Swiss－Prot、GO、COG、KOG、eggNOG4.5、KEGG 数据库比对,使用 KOBAS 2.0 得到 Unigene 在 KEGG 中的 KEGG Orthology 结果,预测完 Unigene 的氨基酸序列之后使用 HMMER 软件与 Pfam 数据库比对,获得 Unigene 的注释信息。

4.2.5　基因表达量分析

参照 3.2.5 节。

4.2.6　差异表达基因分析

参照 3.2.6 节。

4.2.7　差异表达基因的功能注释和富集分析

将水稻纹枯病菌 AG 5 侵染不同寄主转录组测序所得到的差异表达基因与 COG、GO、KEGG、NR 和 Swiss－Prot 数据库比对,获得基因注释信息,具体方法参照 3.2.7 节。

4.2.8　差异表达基因的 qRT－PCR 验证

(1)水稻纹枯病菌总 RNA 的提取及 cDNA 的合成参照 3.2.8 节。

（2）实时荧光定量 PCR。

为进一步验证 RNA－seq 数据的可靠性，从侵染不同寄主的水稻纹枯病菌 AG 5 转录组数据的差异表达基因中各随机选取 10 个基因进行 qRT－PCR 验证。利用 Primer Premier 5 进行引物设计，实时荧光定量引物长度为 18～22 bp，GC 比为 40%～60%，扩增片段为 150～200 bp，所用引物见表 4.2。水稻纹枯病菌 AG 5 则选用可扩增真菌 18S rRNA 部分片段的通用引物 NS1。

参照 TOYOBO 实时荧光定量 PCR 试剂盒，反应体系如下：

2×SYB R　qPCR Mix	5 μL
上游引物（10 μmol/L）	0.3 μL
下游引物（10 μmol/L）	0.3 μL
cDNA 模板	1.4 μL
ddH$_2$O	3 μL
合计	10 μL

反应程序：第一阶段 95 ℃预变性 30 s；第二阶段 95 ℃变性 5 s，55 ℃退火 30 s，72 ℃延伸 20 s，共 40 个循环。每个基因做 3 次技术重复、3 次生物学重复，采用△△C_t法计算相对表达量，即 $2^{-\triangle\triangle C_t}$。

$$\triangle\triangle C_t = (C_t \text{目标基因} - C_t \text{内参基因})_{\text{处理}} - (C_t \text{目标基因} - C_t \text{内参基因})_{\text{对照}}$$

表 4.2　实时荧光定量验证引物

基因名称	正向引物（5′—3′）	反向引物（5′—3′）
NS1	GTAGTCATATGCTTGTCTC	ATTCCCCGTTACCCGTTG
c11118.graph_c0	TTGTCCTTTGGTTGTTCTCC	AATTGTCGCTGGGCTTGC
c12006.graph_c1	GTGCAACAACACCACTCTC	TCTATCATGTCCGAACAACT
c4987.graph_c0	AGGCGGTTGCGGATATAT	TTCCTTGTTCTCGGTTGG
c9802.graph_c0	TGGGTTAGATATTTTGCGTG	ATTGTGGGGAAGGTCATG
c10436.graph_c0	AATTAGGCACAGCTCGAT	TATAGGAATGGGACACGG
c3809.graph_c0	TCGCTACAGCAACCAATA	GAGTTCCCACCTGAACTTC
c9711.graph_c0	CCGAACCCTATTACCGAA	ACTACAAGATGACGAGCCAG
c9555.graph_c0	GGATTTACACGGAGGAGAC	TTGTTAGAGGACCGGATTG
c12929.graph_c0	TCCTCCAGCAGGGTTCTT	GATTTCGGTCTCATCGGTC
c11458.graph_c0	AAGTAGCAACAGAAGGGACG	GCCATGAACATGGGTCAA

4.3 结果与分析

4.3.1 转录组测序样品质量控制

在水稻纹枯病菌 AG 5 侵染水稻和反枝苋 22 h 时,收集菌丝进行转录组测序研究。菌丝转录组样品总 RNA 质量检测结果见表 4.3,9 个样品 $OD_{260/280}$ 与 $OD_{260/230}$ 的值均在 2 左右,表明菌丝样品纯度较高。9 个菌丝样品的 RIN 值均超过 8,说明这 9 个样品的 RNA 完整性较好,可以用于后续试验。

表 4.3 菌丝样品质量检测结果

样品	体积/μL	总量/μg	质量浓度/(ng·μL^{-1})	$OD_{260/280}$	$OD_{260/230}$	RIN	28S/18S	结果
C5-1	23.0	5.1	222.4	2.21	2.32	9.2	2.13	正常
C5-2	23.0	2.0	85.7	2.21	1.79	9.2	2.15	正常
C5-3	23.0	7.3	316.2	2.21	1.77	9.4	2.11	正常
R5-1	21.0	12.7	604.5	2.21	2.44	8.2	1.72	正常
R5-2	23.0	5.2	226.8	2.19	2.22	9.5	2.11	正常
R5-3	23.0	4.5	196.6	2.20	1.93	9.5	2.09	正常
X5-1	23.0	25.3	1 099.0	2.22	2.39	9.3	2.12	正常
X5-2	23.0	16.7	726.7	2.25	2.28	9.5	2.05	正常
X5-3	23.0	4.8	210.0	2.20	1.92	9.5	2.01	正常

注:C5 表示水稻纹枯病菌 AG 5 菌丝,R5 表示 AG 5 侵染水稻叶片 22 h,X5 表示 AG 5 侵染反枝苋叶片 22 h,处理名称后 1、2、3 表示同一处理的 3 次生物学重复。

4.3.2 转录组测序数据质量控制

对水稻纹枯病菌 AG 5 侵染不同寄主进行转录组测序来了解基因表达的变化。转录组测序经质量控制,9 个样品共获得 66.59 Gb clean data,各样品 clean data 均达到 6.54 Gb,其中的 G 和 C 两种碱基占总碱基的百分比在 53.47%~53.84%之间,各样品 Q_{30} 碱基百分比均不小于 92.11%(表 4.4)。

表 4.4　测序数据统计

样品编号	读序	碱基	GC 含量/%	$\geqslant Q_{30}$ 百分比/%
C5-1	24 917 267	7 437 066 442	53.73	92.69
C5-2	21 904 304	6 544 146 218	53.55	92.60
C5-3	22 964 905	6 862 871 896	53.47	92.11
R5-1	27 880 752	8 328 700 224	53.66	92.52
R5-2	23 462 590	7 013 560 710	53.67	92.19
R5-3	22 114 727	6 601 198 552	53.73	92.31
X5-1	27 920 344	8 341 898 768	53.82	92.29
X5-2	26 979 408	8 051 562 178	53.84	92.45
X5-3	24 818 073	7 411 946 218	53.71	92.61

4.3.3　转录组测序数据与组装

获得高质量的转录组测序数据后,利用 Trinity 软件对其进行序列组装。组装共得到 18 578 条 Unigene,Unigene 的 N50 为 2003,组装完整性较高。将各菌丝样品的 clean data 与组装得到的 Unigene 库进行序列比对,比对到 Unigene 的 Reads 称为 Mapped Ratio,Mapped Ratio 将用于后续分析。比对结果见表 4.5,比对到 Unigene 上的 Reads 数目在 clean reads 中所占的百分比为 88.57%～89.24%,其中比对到参考基因组上的读序数目所占 clean data 百分比最多的是 X5-3。

表 4.5　测序数据与组装结果比对统计

样品编号	过滤后读序	定位到的读序	定位比率/%
C5-1	24 917 267	22 103 441	88.71
C5-2	21 904 304	19 474 822	88.91
C5-3	22 964 905	20 406 691	88.86
R5-1	27 880 752	24 730 210	88.70
R5-2	23 462 590	20 838 210	88.81
R5-3	22 114 727	19 586 904	88.57
X5-1	27 920 344	24 871 476	89.08
X5-2	26 979 408	23 977 982	88.88
X5-3	24 818 073	22 148 191	89.24

4.3.4 Unigene 功能注释

基因注释统计结果见表 4.6。本研究水稻纹枯病菌 AG 5 侵染不同寄主的转录组测序数据通过选择 BLAST 参数 E 值不大于 $1×10^{-5}$ 和 HMMER 参数 E 值不大于 $1×10^{-10}$，最终获得 13 980 个有注释信息的 Unigene。其中，序列长度在 300～1 000 的 Unigene 有 4 122 个，序列长度大于 1 000 的 Unigene 有 8 632 个。

表 4.6 Unigene 注释统计

功能数据库	注释的 Unigene 数	300≤序列长度<1 000	序列长度≥1 000
COG_Annotation	4 728	1 025	3 425
GO_Annotation	8 603	2 156	5 893
KEGG_Annotation	3 883	897	2 817
KOG_Annotation	5 460	1 119	4 130
Pfam_Annotation	8 089	1 745	6 024
Swissprot_Annotation	6 254	1 299	4 725
eggNOG_Annotation	9 616	2 313	6 786
nr_Annotation	13 848	4 097	8 630
All_Annotated	13 980	4 122	8 632

4.3.5 基因表达量分析

利用转录组数据检测基因表达具有较高的灵敏度。图 4.1 中不同颜色的曲线代表不同的样品，曲线上点的横坐标表示对应样品 FPKM 的对数值，点的纵坐标表示概率密度。9 个处理的基因表达水平 FPKM 值均横跨 10^{-2}～10^{4} 6 个数量级。

箱线图能够从表达量的总体离散角度来衡量各样品表达水平，图中横坐标代表不同的样品，纵坐标表示样品表达量 FPKM 的对数值，数值越大表示基因的表达量越高。如图 4.2 所示，3 个处理中 50% 基因的 lg(FPKM) 都集中在 −0.2～1.8 之间，平均 lg(FPKM) 在 0.5～1.5 之间。lg(FPKM) 最大值接近 4。

4.3.6 重复相关性评估及主成分分析

由相关性热图（图 4.3）可知，热图颜色为红色和绿色，每个处理间 3 次重复的相关性很强，在图中以绿色表示，而各个处理间相关性较小，在图中以红色表示。每个处理各样本间相关系数均大于 0.85。

主成分分析（PCA）结果如图 4.4 所示，水稻纹枯病菌 AG 5 侵染不同寄主的各处理组内重复性较好，而组间则有较好的区分度，不同处理组间的基因表达量分布差异较大。

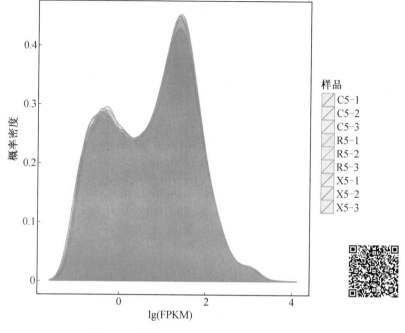

图 4.1　各菌丝样品 FPKM 密度分布对比图

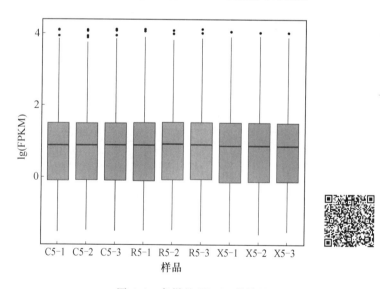

图 4.2　各样品 FPKM 箱线图

4.3.7　差异表达基因分析

差异表达基因分析见表 4.7,水稻纹枯病菌 AG 5 侵染水稻(C5 vs R5)中差异表达基因数目为 366 个,其中上调基因 170 个,下调基因 196 个;水稻纹枯病菌 AG 5 侵染反枝苋(C5 vs X5)中差异表达基因数目为 617 个,其中上调基因 253 个,下调基因 364 个。

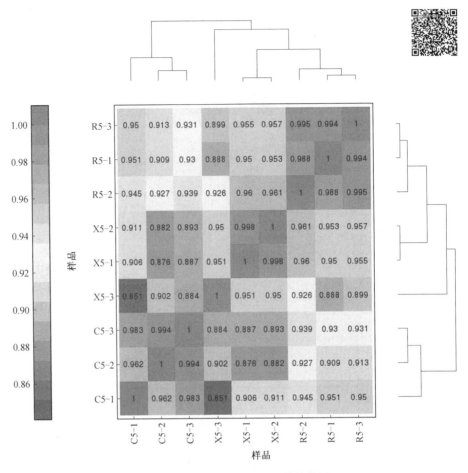

图 4.3　两两样品的表达量相关性热图

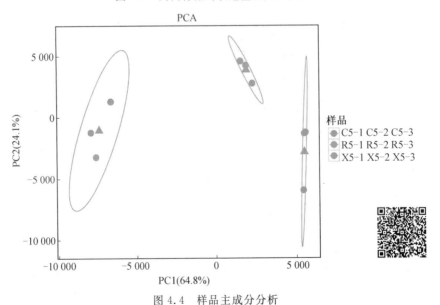

图 4.4　样品主成分分析

表 4.7　差异表达基因数目统计　　　　　　　　　　　个

差异表达基因组分	差异表达基因数目	上调基因数目	下调基因数目
C5 vs R5	366	170	196
C5 vs X5	617	253	364

通过图 4.5 可以看出水稻纹枯病菌 AG 5 侵染水稻和反枝苋差异表达基因的分布。其中,红色点代表上调倍数为 2 倍以上的差异表达基因,绿色点代表下调倍数为 2 倍以上的差异表达基因,黑色点代表非差异表达基因。横坐标表示某一个基因在两样品中表达量差异倍数的对数值,绝对值越大说明表达量在两样品间的表达量倍数差异越大。纵坐标表示基因表达量变化的统计学显著性的负对数值,值越大表明差异表达越显著,筛选得到的差异表达基因越可靠。由图 4.5 可知,水稻纹枯病菌 AG 5 侵染水稻和反枝苋所产生差异表达基因的表达倍数大都在 3 倍以内。

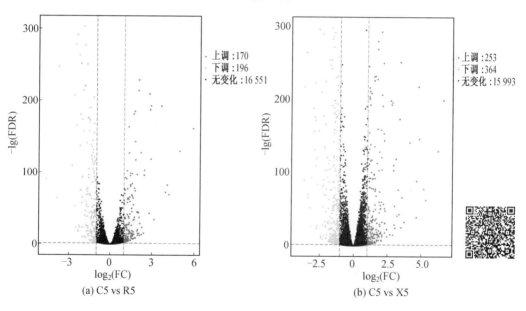

(a) C5 vs R5　　　　　　　　　　(b) C5 vs X5

图 4.5　差异表达基因火山图

4.3.8　差异表达基因的 qRT－PCR 验证

为进一步验证转录组测序获得的差异表达基因表达水平的准确性,从水稻纹枯病菌 AG 5 侵染水稻和反枝苋差异表达的基因列表中随机挑选了 10 个基因,利用 qRT－PCR 方法对其表达水平进行验证,以真菌 18S rRNA 为内参对挑选基因的表达情况进行验证。结果见表 4.8,10 个候选基因的实际表达情况与 FPKM 计算获得的表达趋势一致,表明转录组测序所获得的基因相对表达水平结果较为可靠。

表 4.8　差异表达基因的 qRT－PCR 验证

样品名称	基因	$\log_2$(Ratio)(FPKM 分析)[①]	log2Ratio(qRT－PCR)(平均值±标准误差)[②]
C5 vs R5	c11118.graph_c0	5.90	8.21±0.44
	c12006.graph_c1	−2.25	−3.91±0.16
	c4987.graph_c0	1.65	2.84±.0.37
	c9802.graph_c0	−1.33	−0.51±0.18
	c10436.graph_c0	2.91	5.17±0.29
C5 vs X5	c3809.graph_c0	−1.72	−2.03±0.21
	c9711.graph_c0	4.62	5.31±0.63
	c9555.graph_c0	2.11	1.02±0.23
	c12929.graph_c0	−2.89	−4.68±0.43
	c11458.graph_c0	1.48	2.46±0.17

注:①由 FPKM 值计算得到的相对表达量;②由 qRT－PCR 获得的基因相对表达量。每个基因的相对表达量均来自 3 次重复。

4.3.9　差异表达基因功能注释及富集分析

根据基因在不同样品中的表达量,利用 COG、GO、KEGG、NR、Swiss－Prot 这 5 大数据库对识别的差异表达基因进行功能注释。水稻纹枯病菌 AG 5 侵染水稻差异表达的基因分别有 133 个、221 个、67 个、338 个和 153 个注释到 COG、GO、KEGG、NR 和 Swiss－Prot 数据库中。水稻纹枯病菌 AG 5 侵染反枝苋差异表达的基因分别有 219 个、360 个、119 个、570 个和 269 个注释到 COG、GO、KEGG、NR 和 Swiss－Prot 数据库中。

1.差异表达基因的 GO 分类

GO 分类功能注释结果表明,水稻纹枯病菌 AG 5 侵染水稻和反枝苋差异表达的基因分别有 221 个和 360 个注释到 GO 数据库中。如图 4.6 所示,差异表达基因被标记为 33 个功能类别,其中包括 11 个生物学过程(biological process)、11 个细胞组分(cellular component)和 11 个分子功能(molecular function)。在生物学过程类别中,代谢过程(metabolic process)和单生物过程(single－organism process)中所注释到的差异表达基因最多,其中水稻纹枯病菌 AG 5 侵染水稻时的差异表达基因分别为 116 个和 73 个,而 AG 5 侵染反枝苋时的差异表达基因分别为 195 和 120 个。在细胞过程类中注释差异表达基因最多的为膜(membrane)和膜部分(membrane part),水稻纹枯病菌 AG 5 侵染水稻处理中的差异表达基因分别为 99 个和 85 个,AG 5 侵染反枝苋处理中的差异表达基因分别为 164 个和 143 个。在分子功能类别中,催化活性(catalytic activity)和结合(binding)中注释到的差异表达基因数目最多,水稻纹枯病菌 AG 5 侵染水稻叶片时的差异表达基因分别为 145 个和 97 个,而在侵染反枝苋叶片时的差异表达基因分别为 238 个和 140 个。从上述结果可以看出,在侵染水稻时,AG 5 中被激活上调表达的各类功能基因数量明显少于其侵染反枝苋时的数量。

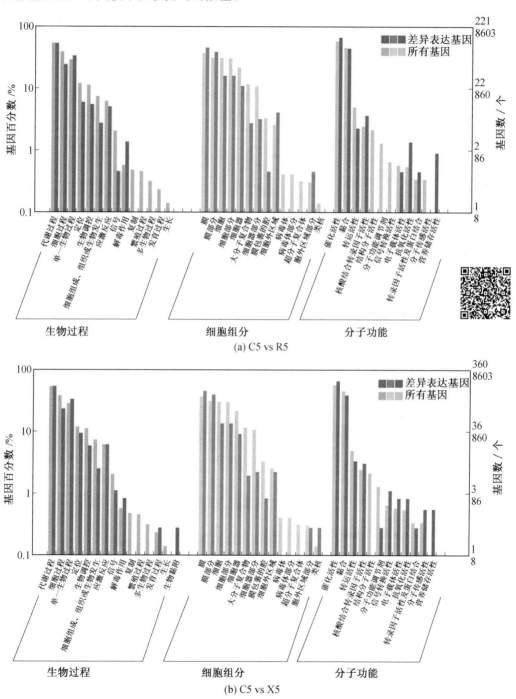

图 4.6　差异表达基因 GO 注释分类统计图

2. 差异表达基因的 COG 分类

利用 COG 数据库对差异表达基因进行直系同源分类。COG 分类分析显示,水稻纹枯病菌 AG 5 侵染水稻和反枝苋时的差异表达基因 COG 分类结果明显不同(表 4.9)。在 AG 5 侵染水稻中,AG 5 的差异基因在"一般功能预测基因"中占比最多,数目为 29 个,其次是碳水化合物运输和代谢 25 个,依次为脂类转运与代谢 18 个,次生代谢物的生物合成、运输和分解代谢 15 个,能量产生和转换 15 个。在 AG 5 侵染反枝苋时,AG 5 的差异表达基因在"一般功能预测基因"和"碳水化合物运输和代谢"中占比最多,均为 45 个,其次为脂类转运与代谢 37 个,次生代谢物的生物合成、运输和分解代谢 23 个,能量产生和转换 19 个,细胞壁/膜/包膜 15 个。

经过分析发现,AG 5 侵染不同寄主的差异表达基因数量在碳水化合物运输和代谢、脂质运输与代谢和一般功能预测中存在较大差异。AG 5 侵染反枝苋时的差异表达基因数量明显多于侵染水稻时的数量。

表 4.9 差异表达基因的 COG 注释分类

COG 分类内容	C5 vs R5	C5 vs X5	两组差值
能源生产和转换	15	19	4
细胞周期控制、细胞分裂、染色体分裂	3	2	1
氨基酸运输和代谢	6	12	6
碳水化合物运输和代谢	25	45	20
辅酶运输和代谢	7	11	4
脂质运输和代谢	18	37	19
翻译、核糖体结构和生物发生	—	1	1
转录	1	1	0
复制、重组和修复	5	7	2
细胞壁/膜/包膜生物发生	9	15	6
翻译后修饰、蛋白质周转、伴侣	6	11	5
无机离子运输和代谢	8	11	3
次生代谢产物的生物合成、运输和分解代谢	15	23	8
一般功能预测	29	45	16
未知功能	10	14	4
信号传导机制	5	11	6
防御机制	6	13	7

3. 差异表达基因的 KEGG 注释

在生物体内,不同的基因产物通过相互协调来行使生物学功能,对差异表达基因的通路注释分析有助于进一步解决基因的功能。KEGG 注释结果显示,水稻纹枯病菌 AG 5 侵染水稻和反枝苋时的差异表达基因所注释的代谢通路存在较大的差异。如图4.7

所示,在 AG 5 侵染水稻处理中,AG 5 中差异表达基因被注释到 KEGG 数据库的 33 个代谢通路中,其中抗生素生物合成、淀粉和蔗糖代谢、碳代谢、乙醛酸和二羧酸代谢和类固醇生物合成通路中差异表达基因数量相对较多,分别为 11 个、8 个、8 个、5 个和 5 个。由图 4.8 可知,在 AG 5 侵染反枝苋叶片时,AG 5 中差异表达基因被注释到 KEGG 数据库的 48 个代谢通路中,其中抗生素生物合成、淀粉和蔗糖代谢、酪氨酸代谢、碳代谢、核黄素代谢和戊糖葡萄糖醛酸转化通路中差异表达基因数量相对较多,分别有 13 个、10个、9 个、8 个、7 个和 6 个。

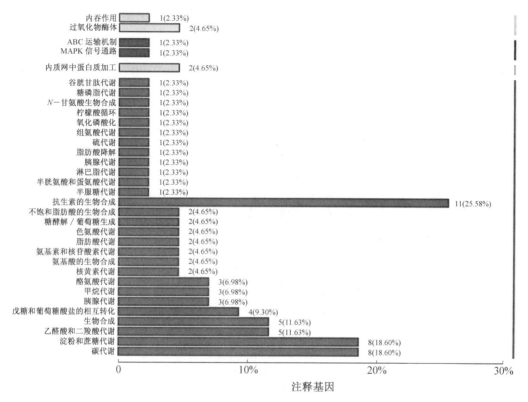

图 4.7　AG 5 侵染水稻的差异表达基因 KEGG 通路分析

4. 差异表达基因的 KEGG 通路富集分析

差异表达基因 KEGG 通路的富集分析显示(图 4.9),水稻纹枯病菌 AG 5 侵染水稻和反枝苋时的差异基因 KEGG 通路富集结果明显不同。在 AG 5 侵染水稻时,AG 5 的差异表达基因在类固醇生物合成、乙醛酸和二羧酸代谢、碳代谢通路的富集显著($q <$ 0.05)。在 AG 5 侵染反枝苋时,AG 5 的差异表达基因在核黄素代谢和酪氨酸代谢通路出现显著富集($q < 0.05$)。

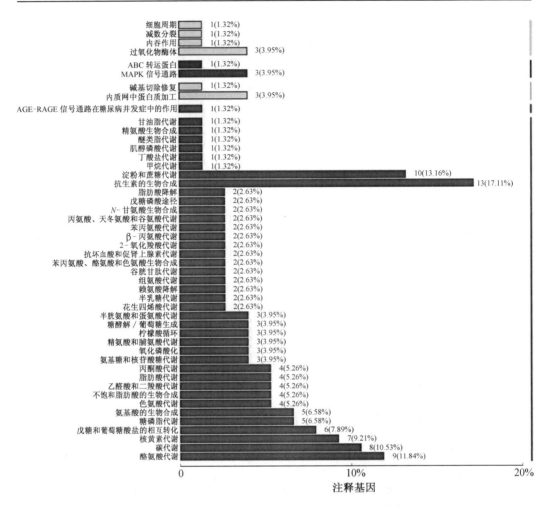

图 4.8　AG 5 侵染反枝苋差异表达基因 KEGG 通路分析

4.3.10　水稻纹枯病菌 AG 5 侵染不同寄主的差异表达基因分析

1. 致病相关基因的预测

利用 PHIB－BLAST 工具，将水稻纹枯病菌 AG 5 侵染不同寄主的差异表达基因的序列与 PHI 数据库进行比对，筛选阈值 $P < 1.0 \times 10^{-5}$。比对结果显示，AG 5 侵染水稻的差异表达基因中共有 92 个基因与已知的致病基因相匹配，其中增强致病力基因 3 个，降低致病力基因 31 个，不影响致病力基因 50 个，丧失致病力基因 6 个，致死相关基因 1 个和效应子 1 个。AG 5 侵染反枝苋的差异表达基因中共有 162 个基因与已知的致病基因相匹配，其中增强致病力基因 6 个，降低致病力基因 67 个，不影响致病力基因 68 个，丧失致病力基因 15 个，致死相关基因 3 个，以及效应子 3 个（图 4.10）。

水稻纹枯病菌 AG 5 侵染不同寄主的差异表达中共有 79 个降低毒力基因，其中 19 个基因在 AG 5 侵染水稻和反枝苋时均差异表达，12 个基因在 AG 5 侵染水稻时差异表

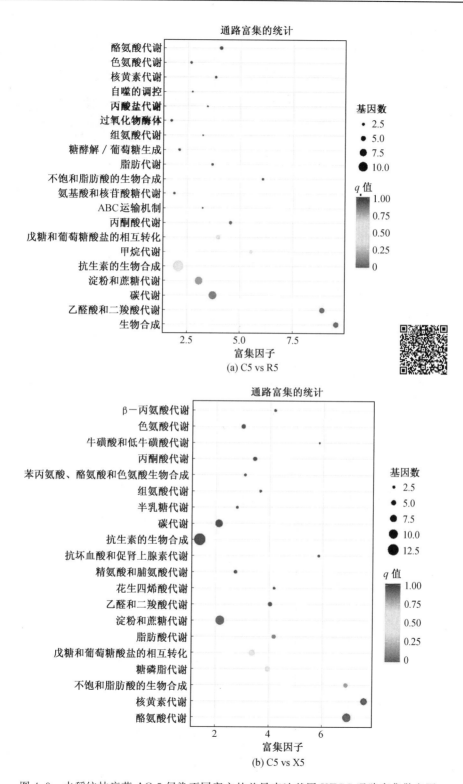

图 4.9　水稻纹枯病菌 AG 5 侵染不同寄主的差异表达基因 KEGG 通路富集散点图

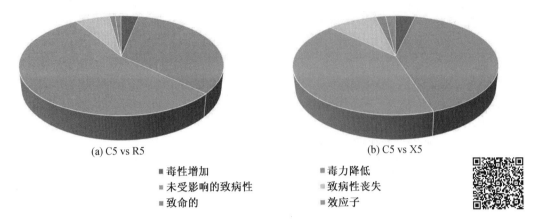

(a) C5 vs R5   (b) C5 vs X5

■ 毒性增加   ■ 毒力降低
■ 未受影响的致病性   ■ 致病性丧失
■ 致命的   ■ 效应子

图 4.10　水稻纹枯病菌 AG 5 侵染不同寄主差异表达基因中致病基因的预测

达,48 个基因在 AG 5 侵染反枝苋时差异表达。AG 5 侵染不同寄主的差异表达中共有 17 个丧失致病力基因,其中 4 个基因在 AG 5 侵染水稻和反枝苋时均差异表达,2 个基因在 AG 5 侵染水稻时差异表达,11 个基因在 AG 5 侵染反枝苋时差异表达。AG 5 侵染不同寄主的差异表达基因中共有 3 个致死基因均下调表达,其中 1 个致死相关基因在 AG 5 侵染水稻和反枝苋时均下调表达,1 个在侵染水稻时下调表达,1 个在反枝苋时下调表达。AG 5 侵染不同寄主的差异表达中共有 7 个增强毒力基因,均为邻甲基杂色曲霉素氧化还原酶基因。此外,在 AG 5 侵染不同寄主的差异表达基因中发现 4 个效应子,其中 1 个效应子在侵染水稻时下调表达,3 个效应子在 AG 5 侵染反枝苋时上调表达。致病相关基因见附录中的附表 2。

2. 次生代谢相关基因分析

试验结果表明(表 4.10),在水稻纹枯病菌 AG 5 侵染不同寄主时差异表达的基因中,有 40 个基因参与次生代谢过程。细胞色素 P450 基因 $c14861.graph\_c0$、$c13861.graph\_c0$ 和 $c15477.graph\_c0$,芳香开环加双氧酶基因 $c10774.graph\_c0$ 和 $c11214.graph\_c0$,漆酶基因 $c4768.graph\_c1$ 和 $c10170.graph\_c0$,以及二烯醇内酯水解酶基因 $c2205.graph\_c0$ 在水稻纹枯病菌 AG 5 侵染水稻时差异表达。

细胞色素 P450 基因 $c9711.graph\_c0$、$c10375.graph\_c0$ 和 $c8248.graph\_c0$,短链脱氢酶基因 $c8687.graph\_c0$、$c6315.graph\_c0$ 和 $c10157.graph\_c0$,ABC−2 type 运输蛋白基因 $c14992.graph\_c0$ 和 $c15015.graph\_c0$,乙醇脱氢酶基因 $c8460.graph\_c0$ 和 $c3907.graph\_c0$,以及乙酰辅酶 A 合成酶基因 $c8364.graph\_c0$ 在 AG 5 侵染水稻和反枝苋处理中均呈差异表达。

细胞色素 P450 基因 $c8171.graph\_c0$、$c10582.graph\_c0$、$c8594.graph\_c0$、$c4712.graph\_c1$、$c10722.graph\_c0$、$c13710.graph\_c0$、$c12653.graph\_c0$ 和 $c11978.graph\_c0$,L−2,3−丁二醇脱氢酶基因 $c8291.graph\_c0$ 和 $c2343.graph\_c0$,短链脱氢酶基因 $c6668.graph\_c0$ 和 $c10918.graph\_c0$,多铜氧化酶基因 $c13624.graph\_c0$,N−乙酰转移

酶基因 $c13005.graph\_c0$,乙酰辅酶 A 合成酶基因 $c14859.graph\_c0$,牛磺酸分解代谢加双氧酶基因 $c1661.graph\_c0$,ABC 运输蛋白基因 $c14868.graph\_c0$,漆酶基因 $c12360.graph\_c0$,二烯醇内酯水解酶基因 $c8261.graph\_c0$,Zn-结合脱氢酶基因 $c4443.graph\_c0$,以及亚油酸酯二醇合成酶基因 $c14234.graph\_c0$ 在 AG 5 侵染反枝苋时差异表达。

表 4.10　水稻纹枯病菌 AG 5 侵染不同寄主中次生代谢相关的差异表达基因

基因	功能描述	$\log_2(FC)$ (R_5/C_5)	$\log_2(FC)$ (X_5/C_5)
$c14861.graph\_c0$	细胞色素 P450	1.07	—
$c13861.graph\_c0$	细胞色素 P450	−1.86	—
$c15477.graph\_c0$	细胞色素 P450	1.10	—
$c10774.graph\_c0$	芳香开环双加氧酶	1.68	—
$c11214.graph\_c0$	芳香开环双加氧酶	1.01	—
$c4768.graph\_c1$	漆酶	−1.04	—
$c10170.graph\_c0$	漆酶	1.98	—
$c2205.graph\_c0$	二烯内酯水解酶	−1.13	—
$c9711.graph\_c0$	细胞色素 P450	4.94	4.62
$c10375.graph\_c0$	细胞色素 P450	2.41	2.05
$c8248.graph\_c0$	细胞色素 P450	−1.00	−1.49
$c8687.graph\_c0$	短链脱氢酶	−3.73	−3.51
$c6315.graph\_c0$	短链脱氢酶	−2.24	−2.71
$c10157.graph\_c0$	短链脱氢酶	−3.83	−2.81
$c14992.graph\_c0$	ABC−2 型转运体	−2.40	−2.47
$c15015.graph\_c0$	ABC−2 型转运体	−2.24	−2.59
$c8460.graph\_c0$	乙醇脱氢酶	−1.30	−1.62
$c3907.graph\_c0$	乙醇脱氢酶	−1.72	−1.84
$c8364.graph\_c0$	乙酰辅酶 A 合成酶	−1.01	−1.04
$c8171.graph\_c0$	细胞色素 P450	—	1.55
$c10582.graph\_c0$	细胞色素 P450	—	1.66
$c8594.graph\_c0$	细胞色素 P450	—	−1.02
$c4712.graph\_c1$	细胞色素 P450	—	−1.16
$c10722.graph\_c0$	细胞色素 P450	—	1.36
$c13710.graph\_c0$	细胞色素 P450	—	1.03
$c12653.graph\_c0$	细胞色素 P450	—	1.01

续表4.10

基因	功能描述	$\log_2(FC)$ (R_5/C_5)	$\log_2(FC)$ (X_5/C_5)
$c11978.graph\_c0$	细胞色素 P450	—	-1.11
$c8291.graph\_c0$	L－2,3乙酰辅酶 A 合成酶	—	-1.05
$c2343.graph\_c0$	L－2,3乙酰辅酶 A 合成酶	—	-1.38
$c6668.graph\_c0$	短链脱氢酶	—	-1.30
$c10918.graph\_c0$	短链脱氢酶	—	1.08
$c13624.graph\_c0$	多酮氧化酶	—	-1.72
$c13005.graph\_c0$	N－乙酰转移酶	—	1.16
$c14859.graph\_c0$	乙酰辅酶 A 合成酶	—	1.34
$c1661.graph\_c0$	牛磺酸分解代谢双加氧酶	—	1.52
$c14868.graph\_c0$	ABC 转运体	—	-1.01
$c12360.graph\_c0$	漆酶	—	1.05
$c8261.graph\_c0$	二烯内酯水解酶	—	3.10
$c4443.graph\_c0$	锌结合脱氢酶	—	-1.12
$c14234.graph\_c0$	亚油酸二醇合成酶	—	-1.26

注：$\log_2(FC)(R_5/C_5)$ 为水稻纹枯病菌 AG 5 侵染水稻时基因的相对表达量，$\log_2(FC)(X_5/C_5)$ 为水稻纹枯病菌 AG 5 侵染反枝苋时基因的相对表达量。

3. 碳水化合物活性酶相关基因分析

糖苷水解酶 GH18 基因 $c2974.graph\_c1$ 在水稻纹枯病菌 AG 5 侵染水稻时上调表达。GH15 基因 $c10595.graph\_c0$ 在 AG 5 侵染水稻时下调表达。GH13 基因 $c10386.graph\_c0$ 和 GH16 基因 $c7870.graph\_c0$ 在 AG 5 侵染水稻和反枝苋时均下调表达。GH18 基因 $c8517.graph\_c0$，GH16 基因 $c10556.graph\_c0$ 和 $c10277.graph\_c0$，GH43 基因 $c10328.graph\_c2$ 和 $c10510.graph\_c0$，GH61 基因 $c5274.graph\_c0$ 在 AG 5 侵染反枝苋时上调表达。GH18 基因 $c11845.graph\_c0$，以及 GH31 基因 $c1737.graph\_c0$ 在 AG 5 侵染反枝苋时下调表达。糖基转移酶 GT20 基因 $c9963.graph\_c0$，$c3949.graph\_c0$，$c12138.graph\_c0$ 和 $c3949.graph\_c0$ 在 AG 5 侵染水稻和反枝苋时均下调表达。糖基转移酶 GT8 基因 $c8484.graph\_c0$，糖基转移酶 GT28 基因 $c12905.graph\_c0$，多糖裂解酶基因 $c7523.graph\_c0$，和碳水化合物酯酶基因 $c7341.graph\_c0$，在水稻纹枯病菌 AG 5 侵染反枝苋时上调表达（表 4.11）。

表 4.11　水稻纹枯病菌 AG 5 侵染不同寄主差异表达的碳水化合物活性酶基因

基因	功能描述	$\log_2(\text{FC})$ (R_5/C_5)	$\log_2(\text{FC})$ (X_5/C_5)
c2974.graph_c1	碳基水解酶家族 18	1.31	—
c10595.graph_c0	碳基水解酶家族 15	−1.13	—
c7870.graph_c0	碳基水解酶家族 16	−1.30	−1.09
c10386.graph_c0	碳基水解酶家族 GH13	−1.02	−1.04
c8517.graph_c0	碳基水解酶家族 18	—	2.10
c10556.graph_c0	碳基水解酶家族 16	—	1.34
c10277.graph_c0	碳基水解酶家族 16	—	1.57
c10328.graph_c2	碳基水解酶家族 43	—	1.06
c10510.graph_c0	碳基水解酶家族 43	—	1.45
c5274.graph_c0	碳基水解酶家族 61	—	1.08
c11845.graph_c0	碳基水解酶家族 18	—	−1.26
c1737.graph_c0	碳基水解酶家族 31	—	−1.09
c9963.graph_c0	碳基水解酶家族 20	−1.05	−1.20
c3949.graph_c0	碳基水解酶家族 20	−1.17	−1.37
c12138.graph_c0	碳基水解酶家族 20	−1.17	−1.60
c3949.graph_c0	碳基水解酶家族 20	−1.17	−1.37
c8484.graph_c0	碳基水解酶家族 8	—	1.10
c12905.graph_c0	碳基水解酶家族 28	—	1.36
c7523.graph_c0	多糖裂水解酶家族 1	—	2.06
c7341.graph_c0	碳水化合物酶家族 4	—	1.21

4. 转录因子分析

转录因子在响应机体的信号和控制基因表达过程中起着关键作用。水稻纹枯病菌 AG 5 侵染在不同寄主时的差异表达基因中共有 14 个转录因子（表 4.12）。C2H2 型转录因子 $c8621.graph\_c0$ 和 NFX1 型锌指蛋白 $c12692.graph\_c0$ 在 AG 5 侵染水稻叶片时上调表达。真菌特有的 Zn2－Cys6 型转录因子 $c11760.graph\_c0$，热激转录因子 $c7656.graph\_c0$ 和 LAG1 转录因子 $c11115.graph\_c0$ 在 AG 5 侵染水稻和反枝苋时均上调表达。真菌转录因子 $c4844.graph\_c0$、GATA 转录因子 $c5275.graph\_c0$ 和 Zn2Cys6 型转录因子 $c9530.graph\_c0$ 在 AG 5 侵染水稻和反枝苋时均下调表达。MADS－box MEF2 型转录因子 $c10929.graph\_c0$、Homeobox 型转录因子 $c8635.graph\_c0$ 以及 bZIP 型转录因子基因 $c11344.graph\_c0$ 在 AG 5 侵染反枝苋时上调表达。

Zn2Cys6 型转录因子 $c11071.graph\_c0$、$c8282.graph\_c0$ 和 $c9643.graph\_c0$ 在 AG 5 侵染反枝苋时下调表达。

表 4.12　水稻纹枯病菌 AG 5 侵染不同寄主差异表达的转录因子

基因	功能描述	$\log_2(FC)$ (R_5/C_5)	$\log_2(FC)$ (X_5/C_5)
$c8621.graph\_c0$	C2H2 型锌指蛋白	1.13	—
$c12692.graph\_c0$	NFXQ 型锌指蛋白	1.04	—
$c11760.graph\_c0$	真菌特异性转录因子 Zn2－Cys6	1.34	2.05
$c7656.graph\_c0$	热激因子结合蛋白	1.07	1.09
$c11115.graph\_c0$	LAG1 转录因子	1.06	1.19
$c4844.graph\_c0$	真菌特意转录因子	−1.34	−1.53
$c5275.graph\_c0$	GATA 锌指	−1.57	−1.10
$c9530.graph\_c0$	真菌特异性转录因子 Zn2－Cys6	−1.41	−1.42
$c10929.graph\_c0$	MADS－boxMEF2 型转录因子	—	1.73
$c8635.graph\_c0$	同源盒蛋白	—	1.47
$c11344.graph\_c0$	bZIP 转录因子	—	1.13
$c11071.graph\_c0$	真菌特异性转录因子 Zn2－Cys6	—	−1.07
$c8282.graph\_c0$	真菌特异性转录因子 Zn2－Cys6	—	−1.08
$c9643.graph\_c0$	真菌特异性转录因子 Zn2－Cys6	—	−1.67

5. 信号途径相关基因分析

水稻纹枯病菌 AG 5 侵染不同寄主时的与信号途径相关的差异表达基因共 20 个（表 4.13）。GTP 结合蛋白基因 $c8620.graph\_c0$ 和羧酸酯酶基因 $c11460.graph\_c0$ 仅在 AG 5 侵染水稻时差异表达。萜烯合酶基因 $c11118.graph\_c0$ 在 AG 5 侵染水稻和反枝苋叶片中均上调表达。丝氨酸/苏氨酸蛋白激酶基因 $c4462.graph\_c0$，ABC 转运蛋白基因 $c14992.graph\_c0$ 和 $c15015.graph\_c0$，以及 PAS 蛋白 $c11396.graph\_c0$ 在 AG 5 侵染水稻和反枝苋叶片中均下调表达。OPT 寡肽转运蛋白一般具有 12～14 个跨膜结构，行使跨膜运输功能。OPT 寡肽转运蛋白 $c12931.graph\_c0$ 和 $c9723.graph\_c0$ 仅在水稻纹枯病菌 AG 5 侵染反枝苋时出现上调表达。$c13186.graph\_c0$ 和 $c14619.graph\_c0$ 为组氨酸激酶，其含有响应调节接收结构域（response regulator receiver domain），该结构域在双组分信号传导途径中具有重要作用。$c13180.graph\_c0$ 和 $c9352.graph\_c0$ 基因含有丝氨酸/苏氨酸蛋白激酶结构域，而蛋白激酶磷酸化是细胞内信号传递和调节细胞活性（如细胞分裂）的重要机制。在本试验中，组氨酸基因 $c13186.graph\_c0$ 和 $c14619.graph\_c0$，丝氨酸/苏氨酸蛋白激酶 $c13180.graph\_c0$ 和 $c9352.graph\_c0$，MAPK 基因

$c10061.graph\_c0$，酪氨酸激酶 $c14218.graph\_c0$，$T-complex$ 蛋白 $c9250.graph\_c0$，脱氢酶激酶 $c11612.graph\_c0$，甲基转移酶基因 $c14768.graph\_c0$，羧酸酯酶基因 $c5630.graph\_c0$，以及 PAS 蛋白 $c12400.graph\_c0$，在 AG－5 侵染反枝苋过程中差异表达。

表 4.13　水稻纹枯病菌 AG 5 侵染不同寄主信号途径相关的差异表达基因

基因	功能描述	$\log_2(FC)$ (R_5/C_5)	$\log_2(FC)$ (X_5/C_5)
$c8620.graph\_c0$	GTP 结合蛋白	1.04	—
$c11460.graph\_c0$	羧酸酯酶	−1.19	—
$c11118.graph\_c0$	萜类合酶	5.90	5.17
$c4462.graph\_c0$	丝氨酸/苏氨酸激酶	−1.02	−1.38
$c14992.graph\_c0$	ABC 转运体	−2.40	−2.47
$c15015.graph\_c0$	ABC 转运体	−2.24	−2.59
$c11396.graph\_c0$	PAS 蛋白	−2.11	−2.90
$c12931.graph\_c0$	OPT 寡肽转运蛋白	—	1.85
$c9723.graph\_c0$	OPT 寡肽转运蛋白	—	1.27
$c13180.graph\_c0$	丝氨酸/苏氨酸蛋白激酶	—	1.04
$c9352.graph\_c0$	丝氨酸/苏氨酸蛋白激酶	—	−1.42
$c10061.graph\_c0$	MAP 激酶	—	−1.20
$c13186.graph\_c0$	响应调节器接收器域	—	1.06
$c14619.graph\_c0$	响应调节器接收器域	—	−1.09
$c14218.graph\_c0$	酪氨酸激酶	—	−1.03
$c9250.graph\_c0$	T－复合体蛋白	—	−1.05
$c11612.graph\_c0$	脱氢酶激酶	—	2.93
$c14768.graph\_c0$	甲基转移酶	—	1.10
$c5630.graph\_c0$	羧酸酯酶	—	−1.12
$c12400.graph\_c0$	PAS 蛋白	—	−1.06

6. 金属蛋白酶基因分析

此外，本研究还发现了 4 个金属蛋白酶基因在水稻纹枯病菌 AG 5 侵染不同寄主时差异表达（表 4.14），其中 $c15271.graph\_c0$ 在水稻纹枯病菌 AG 5 侵染水稻和反枝苋时均上调表达，而 $c8238.graph\_c0$ 和 $c15254.graph\_c0$ 仅在 AG 5 侵染反枝苋时上调表达，$c6131.graph\_c0$ 在 AG 5 侵染反枝苋时下调表达。

表 4.14　水稻纹枯病菌 AG 5 侵染不同寄主差异表达的金属蛋白酶基因

基因	功能描述	$\log_2(FC)$ (R_5/C_5)	$\log_2(FC)$ (X_5/C_5)
$c15271.graph\_c0$	胞外金属蛋白酶	1.64	2.01*
$c8238.graph\_c0$	胞外金属蛋白酶	—	1.42
$c15254.graph\_c0$	胞外金属蛋白酶	—	1.14
$c6131.graph\_c0$	含 WLM 结构域的金属蛋白酶	—	−1.30

4.4　讨　　论

　　水稻纹枯病菌 AG 5 侵染不同寄主时转录组数据结果显示,水稻纹枯病菌 AG 5 侵染水稻时共有 366 个基因差异表达,AG 5 侵染反枝苋时的差异表达基因有 617 个。对差异表达基因进行 GO 分类发现,AG 5 在侵染不同寄主时注释到代谢过程、膜和催化活性中的差异表达基因数目最多。COG 分类发现,AG 5 侵染水稻叶片时差异表达基因在一般基因功能预测、碳水化合物运输和代谢、以及脂类转运与代谢中占比相对较多;AG 5 侵染反枝苋叶片时的一般基因功能预测及碳水化合物运输和代谢中差异基因数目占比最多,其次是脂类转运与代谢以及次生代谢物的生物合成、运输和分解代谢。基于 KEGG 数据库分类,AG 5 侵染水稻时差异表达基因被注释到 35 个代谢通路中,其中抗生素生物合成、淀粉和蔗糖代谢、碳代谢、乙醛酸和二酸酸代谢和类固醇生物合成通路中差异表达基因数量相对较多;AG 5 侵染反枝苋时差异基因注释到 63 个代谢通路中,其中抗生素生物合成、淀粉和蔗糖代谢、酪氨酸代谢、碳代谢、核黄素代谢和戊糖葡萄糖醛酸转化通路中差异表达基因数量相对较多。上述数据结果显示,水稻纹枯病菌 AG 5 侵染水稻和反枝苋时的代谢通路存在较大差异,这种差异可能是决定 AG 5 对寄主选择性侵染的关键因素。

　　水稻纹枯病菌 AG 5 侵染不同寄主的差异表达基因中,共发现 41 个基因与次生代谢相关。14 个细胞色素 P450 基因中,$c9711.graph\_c0$、$c10375.graph\_c0$ 和 $c8248.graph\_c0$ 在 AG 5 侵染水稻和反枝苋时均差异表达;另外有 3 个基因在 AG 5 侵染水稻时差异表达,还有 8 个基因仅在 AG 5 侵染反枝苋时差异表达。漆酶基因 $c10170.graph\_c0$ 和 $c12360.graph\_c0$ 则分别在 AG 5 侵染水稻和反枝苋时上调表达。木质素是一种多酚类高分子化合物,是植物细胞壁的主要成分之一。而漆酶作为一种含 Cu 的多酚氧化酶,属于木质素降解酶类,广泛分布于植物、昆虫和微生物中,研究发现白腐真菌漆酶在木质素降解中具有重要作用。真菌色素包括黑色素、核黄素以及醌类物质等含有酚类结构,而漆酶作为多酚氧化酶参与合成真菌色素。其中,黑色素在真菌的致病过程中具有重要作用。对玉米大斑病(*Setosphaeria turcica*)的漆酶基因 StLAC2 研究发现,该基因参与调控病原真菌细胞壁黑色素层,并通过影响附着胞黑化程度改变膨压,从而影响病菌的致病力。因此,漆酶基因可能在 AG 5 侵染水稻和反枝苋过程中起重要作用。

病原真菌需要突破植物细胞壁这一屏障来完成侵染过程,而碳水化合物活性酶在这一过程中发挥了重要作用。对核盘菌(*Sclerotinia Sclerotiorum*)中碳水化合物活性酶类研究发现,核盘菌中具有碳水化合物酶类编码基因在侵染阶段及自身不同发育阶段表现出多样化的表达模式。郑爱萍等在对水稻纹枯病菌 AG 1－IA 进行研究时预测基因组序列中有 205 种碳水化合物活性酶基因,它们在水稻接种 AG 1－IA 10 h、18 h、24 h、32 h、48 h 和 72 h 侵染阶段表现出特定的表达模式。本研究结果表明,AG 5 侵染水稻 22 h 时仅 1 个糖苷水解酶 GH18 基因 *c2974.graph_c*1 上调表达,而侵染反枝苋时有 10 个碳水化合物活性酶基因上调表达,说明 AG 5 在突破不同寄主细胞壁这一物理屏障的机制存在差异。

转录因子在响应机体的信号进而控制基因表达过程中起着关键作用,水稻纹枯病菌 AG 5 侵染不同寄主时差异表达基因中共有 14 个转录因子,其中,真菌特有 Zn2Cys6 型转录因子基因 *c11760.graph_c*0、热激转录因子基因 *c7656.graph_c*0 和 *LAG1* 转录因子基因 *c11115.graph_c*0 在 AG 5 侵染不同寄主时均呈上调表达状态。研究发现 Zn2Cys6 锌指转录因子基因与病原真菌对外界的胁迫响应机制、脂类代谢物质合成、次级代谢物调节以及致病过程等相关。热激转录因子(heat shock transcription factors,HSTFs)是广泛存在于生物细胞内的一种具有转录调节作用的蛋白,参与调控真菌各项生命活动,在真菌的热激应答、胁迫相应及病原真菌毒力等生理过程中具有重要作用。在本研究中还发现 C2H2 型转录因子基因 *c8621.graph_c*0 和 NFX1 型转录因子基因 *c12692.graph_c*0 在 AG 5 侵染水稻时上调表达。其中,C2H2 型锌指蛋白参与调节病原真菌的生长发育、分生孢子形成、致病性、胁迫应答及次级代谢等过程。MADS－box MEF2 型转录因子、Homeobox 型以及 bZIP 型转录因子基因 *c10929.graph_c*0、*c8635.graph_c*0 和 *c11344.graph_c*0 则在 AG 5 侵染反枝苋时上调表达。其中,MADS－box 蛋白家族是一类广泛分布于动、植物和真菌中的转录因子家族,在生长发育过程中具有非常重要作用。真菌中的同源异型盒(homeobox)转录调控因子参与调控菌丝极性生长、有性生殖、孢子产生以及致病性等过程。链格孢菌(*Alternaria alternata*)中 bZIP 型转录因子编码基因参与菌丝营养生长和分生孢子的形成,同时在致病性和抗氧化应激过程中具有重要作用。在 AG 5 侵染水稻和反枝苋过程中,上述转录因子的不同表现说明 AG 5 在与不同寄主互作过程中的响应机制不同。

在真核生物中,信号分子 GTP 结合蛋白是许多信号传导过程的中心调节器。在水稻纹枯病菌 AG 5 侵染不同寄主时,GTP 结合蛋白 *c8620.graph_c*0 仅在 AG 5 侵染水稻时上调表达。信号分子 OPT 寡肽转运蛋白具行使跨膜运输功能。在胶孢炭疽菌(*Colletotrichum gloeosporioides*)中寡肽转运蛋白 CgOPT2 参与调控病原真菌的营养发育、分生孢子、氧化应激以及致病性等方面。水稻纹枯病菌 AG 5 中的 OPT 寡肽转运蛋白基因

$c12931.graph\_c0$ 和 $c9723.graph\_c0$ 均仅在其侵染反枝苋时上调表达。双组分信号基因 $c13186.graph\_c0$ 和丝氨酸/苏氨酸蛋白激酶基因 $c13180.graph\_c0$ 仅在 AG 5 侵染反枝苋时上调表达。这些信号传导分子在 AG 5 侵染不同寄主时差异化表达特点说明 AG 5 与不同寄主互作时的信号传导通路不同。

蛋白酶是具有水解肽键功能,能够将蛋白质或多肽水解成肽链或者氨基酸的一类酶。根据作用位置可将其划分为胞外蛋白酶(exoprotease)和内切蛋白酶亦或是胞内蛋白酶(endoprotease)。根据催化机制的差异,蛋白酶可分为天冬氨酸蛋白酶(aspartic protease)、半胱氨酸蛋白酶(cysteine protease)、金属蛋白酶(metalloprotease)、丝氨酸蛋白酶(serine protease)以及苏氨酸蛋白酶(threonine protease)。在本研究中,水稻纹枯病菌 AG 5 侵染不同寄主差异表达基因中,共有 4 个金属蛋白酶在转录组数据中差异表达。其中,$c15271.graph\_c0$ 在侵染两种寄主时均上调表达,$c8238.graph\_c0$ 和 $c15254.graph\_c0$ 仅在侵染反枝苋时上调表达,$c6131.graph\_c0$ 则在侵染反枝苋时下调表达。胞外金属蛋白酶 $c8238.graph\_c0$ 和 $c15254.graph\_c0$ 是一种锌结合金属—肽酶,并具有 M12B 家族特性。前人在对球孢子菌(Coccidioides posadasii)的研究发现,在内生孢子分化过程中分泌的金属蛋白酶(Mep1)在发育阶段阻止寄主识别内生孢子。在球孢子菌侵染过程中,Mep1 作为致病过程中具有关键作用,有助于病原体在寄主体内的存活。细菌的胞外金属蛋白酶能够水解寄主的结缔组织胶原或者 ECM 分子,因此在病原菌侵入寄主、在寄主体内传播以及造成寄主组织损伤中具有重要的作用。

4.5 结　论

转录组分析表明 AG 5 侵染水稻时有差异表达基因 366 个,其中 92 个基因与已知致病基因相匹配;AG 5 侵染反枝苋时有差异表达基因 617 个,其中 162 个基因与已知致病基因相匹配。与碳水化合物运输与代谢,以及脂质运输与代谢相关基因可能影响 AG 5 对寄主选择性侵染。水稻纹枯病菌 AG 5 侵染不同寄主的差异表达基因中有 40 个基因与次生代谢相关,20 个碳水化合物活性酶基因、14 个转录因子、20 个与信号途径相关基因和 4 个金属蛋白酶基因,推测这些基因的差异表达可能与 AG 5 的寄主识别及致病性有关。

第5章　水稻纹枯病菌侵染寄主的差异表达基因比较及 C2H2 型锌指转录因子和 GTP 结合蛋白的克隆与分析

5.1　试验材料

5.1.1　菌株

水稻纹枯病菌 AG 1－IA(*R. solani* AG 1－IA)、水稻纹枯病菌 AG 5(*R. solani* AG 5)，由黑龙江八一农垦大学生物农药实验室保存。

5.1.2　酶类及其他试剂

Trizol，购自英潍捷基(Invitrogen)生物有限公司；超保真酶 Phanta Max Super－Fidelity DNA Polymerase，购自诺唯赞(Vazyme)生物公司；大肠杆菌感受态 Top10、DNA Marker DL2000 和 pGM－T 克隆试剂盒均，购自天根(TIANGEN)生物有限公司；DNA 凝胶回收试剂盒，购自爱思进(AXYGEN)生物公司；其他试剂均为国产分析纯。

5.2　试验方法

5.2.1　水稻纹枯病菌总 RNA 的提取及 cDNA 的获得

具体操作参见 3.2.8 节。

5.2.2　致病基因的克隆

对水稻纹枯病菌 AG 1－IA 中致病基因 *Rs1TF* 和 *Rs1GA*，水稻纹枯病菌 AG 5 中致病基因 *Rs5TF* 和 *Rs5GA* 进行克隆与测序，使用特异引物见表 5.1。

表 5.1 基因克隆引物

克隆基因	基因	引物名称	引物序列（5′—3′）
Rs1TF	*AG1IA_05521*	A1TF	ATGAACGATTCAGTTTATCAATC
		A1TR	CTACGAACAAGCTCGTGAGC
Rs1GA	*AG1IA_08196*	A1GF	ATGGTATACTTGGTTAATCCCACT
		A1GR	TTAATTGGAAGATAGTTTCATAGGT
Rs5TF	*c8621. graph_c0*	A5TF	CTACATGGACTGCAAATTCAAACG
		A5TR	TTGCTTACGCCGTTCTTCAGG
Rs5GA	*c8620. graph_c0*	A5GF	CTTTCACAAACAAACACGGTTCATA
		A5GR	TCCACCTGCATATCTCTCGTCTC

1. 目的基因的扩增

PCR 反应体系：

2×Phanta Max Buffer	25 μL
dNTP Mix(10 mmol/L)	1 μL
cDNA 模板	2 μL
上游引物(10 μmol/L)	2 μL
下游引物(10 μmol/L)	2 μL
Phanta Max Super-Fidelity DNA polymerase	1 μL
ddH$_2$O	17 μL
合计	50 μL

PCR 扩增程序：95 ℃预变性 3 min；95 ℃ 变性 15 s，56 ℃退火 15 s，72 ℃延伸 90 s，30 个循环；72 ℃延伸 10 min；于 4 ℃条件下保存。

PCR 产物电泳检测：用 1%（体积分数）的琼脂糖凝胶（每 100 mL 凝胶中含 5 μL EB 核酸染料）在 1×TAE 缓冲液中跑电泳，并用凝胶成像系统观察电泳结果并拍照。

2. 扩增序列的回收

用 AXYGEN 凝胶回收试剂盒回收 cDNA 片段。步骤如下：

①记录 2 mL 离心管的质量，切胶，用滤纸将凝胶表面液体吸尽，将凝胶切碎后装入离心管称重。

②加入 3 倍凝胶体积的 Buffer DE－A 溶液，混合均匀后于 75 ℃加热，每 2～3 min 间断混合，直到凝胶完全熔化（共 6～8 min）。

③加 1/2 Buffer DE－A 体积的 Buffer DE－B 溶液，混合均匀。

④吸取混合液,转移到 DNA 制备管,12 000 r/min 室温离心 1 min,倒掉滤液。

⑤加 500 μL Buffer W1,12 000 r/min 离心 30 s,倒掉滤液。

⑥加 700 μL Buffer W2,12 000 r/min 离心 30 s,倒掉滤液,此步骤重复一次。

⑦将制备管放回 2 mL 离心管中,12 000 r/min 离心 1 min。

⑧将制备管放回洁净的 1.5 mL 离心管中,向制备膜中加 25～30 μL 的去离子水,静置 1 min,12 000 r/min 离心 1 min,收集 cDNA 片段。取少量样品电泳检测回收效率,剩余样品置于 -20 ℃下保存。

3. 基因克隆

使用 TIANGEN 公司的 pGM－T 克隆试剂盒进行。

10×T4 DNA Ligation Buffer	1 μL
T4 DNA Ligase	1 μL
pGM－T 载体	1 μL
目的 PCR 片段	1 μL
ddH$_2$O	6 μL
合计	10 μL

在无菌的离心管中加入以上样品,混匀后,将离心管置于 16 ℃条件下连接过夜。

4. 大肠杆菌转化

①将大肠杆菌感受态 Top10 置于冰水混合物中解冻 2～3 min,呈半融化状态。

②吸取 10 μL 转化质粒加入到装有 50 μL 感受态细胞的离心管中,缓慢旋转混匀内容物,然后在冰水混合物中静置 30 min。

③取出离心管,置于 42 ℃水浴锅中热激 90 s,迅速在冰水混合物中静置 90 s。

④向离心管中加入 800 μL 无抗生素的 LB 培养液,摇晃混匀,于 37 ℃ 120 r/min 下振荡培养 45 min。

⑤4 000 r/min 室温离心 5 min,去掉部分上清液,留 100 ～150 μL 液体。

⑥重悬液体,取 100 μL 菌液均匀涂布于 LB 平板上(LB 中 Amp 抗生素的质量浓度为 0.1 mg/mL)。

⑦平板正面静置约 30 min 后,于 37 ℃倒置培养 12 h。

⑧挑取数个白色单菌落,接种到含 Amp 抗生素(0.1 mg/mL)的 LB 培养液中,37 ℃、120 r/min 振荡培养 8～10 h。

5. 测序

对上一步获得的菌液进行 PCR 验证,选择的阳性克隆转化子取 1 mL 菌液,送至上海英潍捷基生物公司进行测序。

5.2.3 致病基因的序列分析

对水稻纹枯病菌 AG 1－IA 中致病基因 $Rs1TF$ 和 $Rs1GA$，水稻纹枯病菌 AG 5 中致病基因 $Rs5TF$ 和 $Rs5GA$ 进行序列分析。利用在线工具 SMART(http://smart.embl-heidelberg.de/)进行结构功能域分析。利用 MEGA 6.0 软件中的邻近法(neighbor joining)构建系统发育树，进行 1 000 次重抽样评估，其他参数为默认值。

5.3 结果与分析

5.3.1 水稻纹枯病菌 AG 1－IA 和 AG 5 侵染水稻时差异表达基因的 KEGG 通路差异分析

水稻纹枯病菌 AG 1－IA 和 AG 5 侵染水稻叶片时的转录组数据 KEGG 通路富集比较分析结果(表 5.2)显示，AG 1－IA 侵染水稻时，抗生素生物合成、苯基丙氨酸、酪氨酸和色氨酸的生物合成以及氨基酸的生物合成通路显著富集($q<0.05$)，通路中注释到的差异表达基因数目分别为 17 个、5 个和 11 个。AG 5 侵染反枝苋时，乙醛酸和二羧酸代谢、碳代谢和类固醇的生物合成通路显著富集，通路中注释到的差异基因数目分别为 5 个、8 个和 5 个。

此外，发现水稻纹枯病菌 AG 5 在侵染水稻时有一个差异表达基因注释到 MAPK 信号通路中，但在 AG 1－IA 侵染水稻时未发现。

这些结果说明，AG 1－IA 和 AG 5 在侵染水稻时，差异表达基因所富集的代谢通路不同，而这种在代谢通路上的差异性很可能是 AG 1－IA 和 AG 5 对水稻致病性差异的内在原因。

表 5.2　水稻纹枯病菌 AG 1－IA 和 AG 5 侵染水稻差异表达基因的 KEGG 通路富集比较分析

代谢通路	C1 vs R1		C5 vs R5	
	参与基因数	q 值	参与基因数	q 值
抗生素生物合成,ko01130	17	0.000	—	—
苯基丙氨酸、酪氨酸和色氨酸的生物合成,ko0040	5	0.002	—	—
氨基酸的生物合成,ko01230	11	0.002	—	—
乙醛酸和二羧酸代谢,ko00630	—	—	5	0.006
碳代谢,ko01200	—	—	8	0.035
类固醇的生物合成,ko00100	—	—	5	0.004

5.3.2　水稻纹枯病菌 AG 1－IA 和 AG 5 侵染反枝苋时差异表达基因的 KEGG 通路差异分析

水稻纹枯病菌 AG 1－IA 和 AG 5 侵染反枝苋时的转录组数据 KEGG 通路富集比较分析结果显示(表 5.3),AG 1－IA 在侵染反枝苋时,核黄素代谢、酪氨酸代谢、氮代谢和硫代谢通路显著富集($q<0.05$),通路中注释到的差异表达基因数目分别为 6 个、6 个、4 个和 4 个。AG 5 侵染反枝苋时,核黄素代谢和酪氨酸代谢通路显著富集,通路中注释到的差异基因数目分别为 7 和 9。从表 5.3 还可看出,AG 1－IA 和 AG 5 侵染反枝苋时差异表达基因均在核黄素代谢和酪氨酸代谢通路中显著富集,而氮代谢和硫代谢通路显著富集仅存在于 AG 1－IA 的差异表达基因中。因此,推测在氮代谢和硫代谢方面的差异可能也是 AG 1－IA 和 AG 5 致病性差异的重要原因。

此外,在 KEGG 通路注释中,水稻纹枯病菌 AG 5 侵染反枝苋时有 3 个差异表达基因注释到 MAPK 信号通路中,但在 AG 1－IA 中未发现。

表 5.3　水稻纹枯病菌 AG 1－IA 和 AG 5 侵染反枝苋差异表达基因的 KEGG 通路富集

代谢通路	C1 vs R1		C5 vs R5	
	参与基因数	q 值	参与基因数	q 值
核黄素代谢,ko00740	6	0.001	7	0.001
酪氨酸代谢,ko00350	6	0.004	9	0.000
氮代谢,ko00910	4	0.003	—	—
硫代谢,ko00920	4	0.018	—	—

5.3.3　水稻纹枯病菌中 C2H2 型锌指转录因子和 GTP 结合蛋白的克隆与分析

转录组数据显示,在水稻纹枯病菌 AG 1－IA 和 AG 5 侵染水稻时,C2H2 型锌指转录因子和 GTP 结合蛋白均上调表达,推测它们可能参与水稻纹枯病菌的寄主识别和致病。从水稻纹枯病菌 AG 1－IA 和 AG 5 转录组数据中获得 2 条 C2H2 型锌指转录因子序列,即 *AG1IA_05521.gene* 和 *c8621.graph_c0*,根据序列设计引物克隆基因 *Rs1TF* 和 *Rs5TF*;获得 2 个 GTP 结合蛋白 *AG1IA_08196.gene* 和 *c8620.graph_c0*,根据序列设计引物克隆基因 *Rs1GA* 和 *Rs5GA*,对其进行生物信息学分析,为进一步明确其在水稻纹枯病菌致病过程中的作用奠定基础。

1. 水稻纹枯病菌 AG 1－IA 和 AG 5 总 RNA 的提取

采用 Trizol 法提取水稻纹枯病菌 AG 1－IA 和 AG 5 总 RNA,电泳检测可以看到水稻纹枯病菌 AG 1－IA(图 5.1(a))和水稻纹枯病菌 AG 5(图 5.1(b))的 28S rRNA 和 18S rRNA 条带明亮清晰,说明 RNA 完整性较好,符合反转录的试验要求。

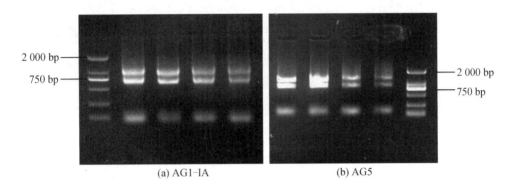

(a) AG1-IA   (b) AG5

图 5.1 水稻纹枯病菌 AG 1-IA 和 AG 5 总 RNA 电泳图

2. 水稻纹枯病菌 C2H2 型锌指转录因子的克隆与分析

(1)水稻纹枯病菌 C2H2 型锌指转录因子的克隆。

以水稻纹枯病菌 AG 1-IA 的 cDNA 为模板,利用引物 A1TF 和 A1TR 进行 PCR 扩增,电泳检测扩增产物如图 5.2(a)所示。将扩增产物克隆测序,得到 *Rs*1*TF* 基因的 cDNA 序列全长为 1 032 bp,包含完整的开放阅读框。

以水稻纹枯病菌 AG 5 的 cDNA 为模板,利用引物 A5TF 和 A5TR 进行 PCR 扩增,电泳检测扩增产物如图 5.2(b)所示。将扩增产物进行克隆测序,获得 *Rs*5*TF* 基因的 cD-NA 序列全长为 882 bp,包含完整的开放阅读框。

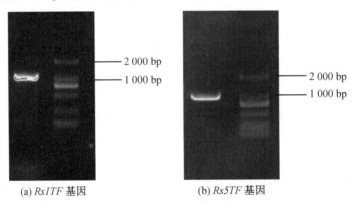

(a) *Rs*1*TF* 基因   (b) *Rs*5*TF* 基因

图 5.2 *Rs*1*TF* 和 *Rs*5*TF* 基因 cDNA 电泳图

(2)水稻纹枯病菌 C2H2 型锌指转录因子基因编码蛋白保守结构域分析。

利用 SMART 蛋白结构域数据库对 *Rs*1*TF* 和 *Rs*5*TF* 基因编码蛋白进行结构域预测分析,结果显示,Rs1TF 蛋白中第 261~283 氨基酸处含有一个 ZnF_C2H2 结构域(图 5.3(a));而 Rs5TF 中包含两个 ZnF_C2H2 结构域,分别位于 236~258 和 264~287 氨基酸处(图 5.3(b))。C2H2 型锌指(ZnF)是真核转录因子中最常见的 DNA 结合基序,也可与 RNA 和蛋白靶标结合。C2H2 型锌指蛋白一般包含 1 个或多个锌指结构域,Rs1TF 和 Rs5TF 中 C2H2 型锌指结构域均位于氨基酸链的 C 端,结构域中包含锌结合位点,推测该蛋白可能具备识别及结合 DNA 的功能,是潜在的转录因子。

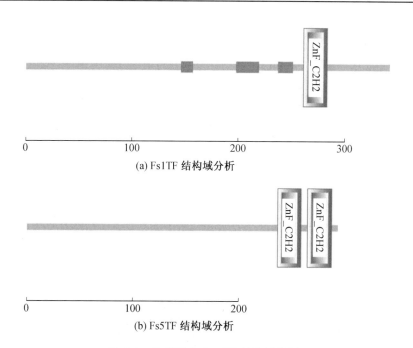

(a) Fs1TF 结构域分析

(b) Fs5TF 结构域分析

图 5.3　Rs1TF 和 Rs5TF 结构域分析

（3）基因编码蛋白同源性分析。

利用 MEGA 6.0 中 Neighbor joining 法，对 Rs1TF 和 Rs5TF 氨基酸序列与酿酒酵
母（*Saccharomyces cerevisiae*）、新型隐球菌（*Cryptococcus neoformans*）、稻瘟病菌（*Magnaporthe grisea*）、轮枝镰孢菌（*Fusarium verticillioides*）、构巢曲霉（*Aspergillus nidulans*）、玉米黑粉菌（*Ustilago maydis*）、小麦壳针孢叶枯菌（*Zymoseptoria tritici*）和禾谷
镰刀菌（*Fusarium graminearum*）中的 C2H2 型锌指蛋白构建系统进化树。结果如图
5.4 所示，Rs1TF 与酿酒酵母的 C2H2 型锌指蛋白亲缘关系更近；Rs5TF 与新型隐球菌
的 C2H2 型锌指蛋白的亲缘关系更近。

3. 水稻纹枯病菌中 GTP 结合蛋白的克隆与分析

（1）GTP 结合蛋白基因的克隆。

以水稻纹枯病菌 AG 1－IA 的 cDNA 为模板，利用引物 A1GF 和 A1GR 进行 PCR
扩增，电泳检测扩增产物如图 5.5(a)。将扩增产物克隆测序，结果显示，所得 *Rs1GA* 基
因的 cDNA 序列全长为 735 bp，包含完整的开放阅读框。

以水稻纹枯病菌 AG 5 的 cDNA 为模板，利用引物 A5GF 和 A5GR 进行 PCR 扩增，
电泳检测扩增产物如图 5.5(b)。将扩增产物进行克隆测序，结果显示，所得 *Rs5GA* 基因
的 cDNA 序列全长为 963 bp，包含完整的开放阅读框。

（2）GTP 结合蛋白基因编码蛋白保守结构域分析。

利用 SMART 蛋白结构域数据库对 *Rs1GA* 和 *Rs5GA* 基因编码蛋白进行结构域预
测分析，结果显示，Rs1GA 蛋白中第 85～219 氨基酸处有一个 Arf 结构域（图 5.6(a)），

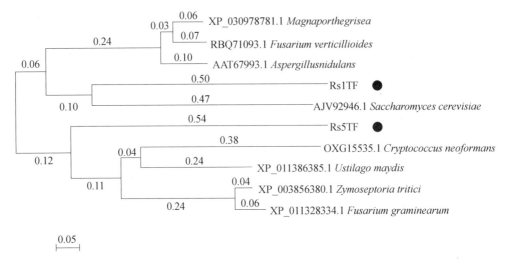

图 5.4　真菌 C2H2 锌指蛋白进化树分析

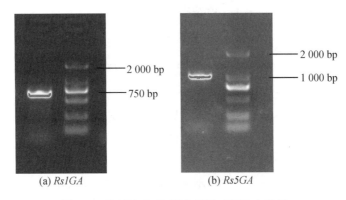

图 5.5　*Rs1GA* 和 *Rs5GA* 基因 cDNA 电泳图

是 GTP 结合蛋白超家族的一个分支。Arf 蛋白是细胞内运输中囊泡生物发生的主要调节因子。GTP 结合蛋白通过调节高尔基体内囊泡出芽和脱膜来参与蛋白质运输。Rs5GA 蛋白中第 119～288 氨基酸处有一个 RAB 结构域(图 5.6(b)),Rab GTPases 参与囊泡运输。

(3)GTP 结合蛋白基因编码蛋白同源性分析。

利用 MEGA 6.0 中 Neighbor joining 法,对 Rs1GA 和 Rs5GA 氨基酸序列与酿酒酵母(*Saccharomyces cerevisiae*)、新型隐球菌(*Cryptococcus neoformans*)、玉米黑粉菌(*Ustilago maydis*)、构巢曲霉(*Aspergillus nidulans*)、轮枝镰孢菌(*Fusarium verticillioides*)和板栗疫病菌(*Cryphonectria parasitica*)的 GTP 结合蛋白 Arf 和 Rab 蛋白构建系统进化树。如图 5.7 所示,Rs1GA 与新型隐球菌的 Arf 蛋白亲缘关系较近;Rs5GA 与酿酒酵母 Rab 蛋白亲缘关系较近。

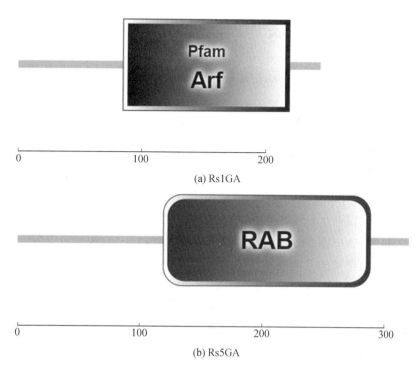

(a) Rs1GA

(b) Rs5GA

图 5.6　GTP 结合蛋白 Rs1GA 和 Rs5GA 结构域分析

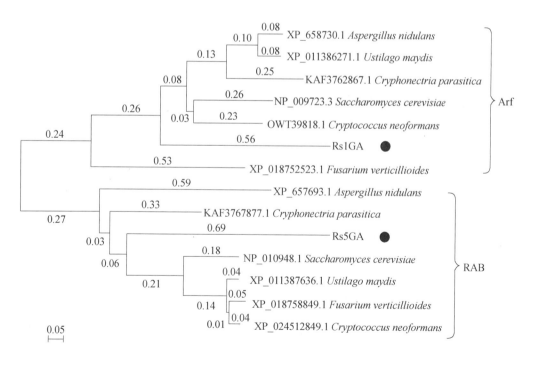

图 5.7　真菌 GTP 结合蛋白进化树分析

5.4 讨　论

前期利用水稻相对病斑高度法对水稻纹枯病菌 AG 1－IA 和 AG 5 的致病力进行比较分析,发现 AG 1－IA 的致病力更强。对水稻纹枯病菌 AG 1－IA 和 AG 5 侵染不同寄主的差异基因进行 KEGG 通路富集发现,AG 1－IA 侵染水稻时差异基因在抗生素的生物合成、苯基丙氨酸、酪氨酸和色氨酸的生物合成,以及氨基酸的生物合成通路显著富集。Bartz 等在研究中指出 R. solani AG 3 毒素中的主要成分为苯乙酸(phenyl acetic acid,PAA)及其衍生物邻羟基苯乙酸、对羟基苯乙酸、异位羟基苯乙酸等,这些物质能够使种子的萌发及幼苗的生长受到明显的抑制,同时损伤寄主的细胞膜,造成细胞中的电解质外渗。其中,PAA 是芳香族氨基酸苯丙氨酸的分解产物,苯基丙氨酸、酪氨酸和色氨酸的生物合成通路可能参与水稻纹枯病菌毒素的合成。本研究结果显示,AG 1－IA 侵染水稻的差异表达基因在该通路出现显著富集,但在 AG 5 中未发生这种情况。推测水稻纹枯病菌融合群 AG 1－IA 和 AG 5 在致病力方面的差异很可能与它们在苯基丙氨酸、酪氨酸和色氨酸的生物合成途径调控的差异性有关。

AG 1－IA 和 AG 5 侵染反枝苋时差异表达基因均在核黄素代谢和酪氨酸代谢通路中显著富集,而氮代谢和硫代谢通路显著富集仅存在于 AG 1－IA 的差异表达基因中。在真菌的生长过程中,氮代谢在其营养利用方面具有重要作用,显著影响病原真菌的生长,参与合成多种化合物和毒力因子等方面。前人对白色念珠菌和烟曲霉菌的研究指出,病原真菌的生长及致病过程与其从环境中获取氮的能力密不可分,病原真菌对氮的调节影响其形态变化和毒力因子表达等,进而影响对寄主的致病过程。硫元素是氨基酸的基本组成成分,病原真菌中参与硫代谢的相关基因在其生长发育和致病过程中具有重要作用。稻瘟病菌中甲硫氨酸合成酶基因 MET6 参与调控气生菌丝和孢子的形成,影响甲硫氨酸的合成,突变体在附着胞介导的渗透和入侵方面有缺陷而导致致病力丧失。因此,推测氮代谢和硫代谢可能也是导致 AG 1－IA 和 AG 5 致病性差异的重要原因。

5.5 结　论

抗生素生物合成,苯基丙氨酸、酪氨酸和色氨酸的生物合成,氨基酸的生物合成,氮代谢及硫代谢通路可能是 AG 1－IA 侵染寄主早期的关键途径。而乙醛酸和二羧酸代谢、碳代谢和类固醇的生物合成通路可能是 AG 5 侵染寄主早期的关键途径。AG 1－IA 和 AG 5 在侵染寄主早期差异表达基因所富集的代谢通路不同,可能是造成其致病力差异的重要原因。

水稻纹枯病菌 C2H2 型锌指转录因子 Rs1ZF 的 cDNA 序列全长为 1 032 bp,含有 1 个 ZnF_C2H2 结构域;Rs5ZF 的 cDNA 序列全长为 882 bp,包含 2 个 ZnF_C2H2 结构

域。GTP 结合蛋白基因 $Rs1GA$ 的 cDNA 序列全长为 735 bp,含有 1 个 Arf 结构域, $Rs5GA$ 的 cDNA 序列全长为 963 bp,包含一个 RAB 结构域。

第6章 MAPK 级联信号途径在不同融合群水稻纹枯病菌中的分布情况

6.1 试验材料

酿酒酵母($Saccharomyces\ cerevisiae\ S288c$)、玉米黑粉病菌($Ustilago\ maydis$)及稻瘟病菌($Magnaporthe\ oryzae$)中4类 MAPK 信号途径中各基因的氨基酸序列在美国国立生物技术信息中心(National Center for Biotechnology Information,NCBI)数据库获得。

水稻纹枯病菌 MAPK 信号途径蛋白同源序列从 NCBI 网站中利用蛋白同源搜索法(Blastp)获得相关蛋白序列。在蛋白同源序列比对过程中,E 值设置为 $1×10^{-5}$,其他参数为默认值,将比对结果中 E 值为0的氨基酸序列整理成文档格式。

6.2 试验方法

6.2.1 水稻纹枯病菌不同融合群 MAPK 信号途径蛋白同源序列结构域分析

利用在线工具 SMART 对获得的水稻纹枯病菌 MAPK 途径相关蛋白同源序列进行结构功能域分析。

6.2.2 系统进化树的构建

对酿酒酵母、玉米黑粉病菌、稻瘟病菌及水稻纹枯病菌的促分裂原活化蛋白激酶的氨基酸序列利用 Clustal X 1.83 软件进行多重序列比对(参数为默认值),然后利用 MEGA 6.0 软件中的邻近法(neighbor joining)构建系统发育树,进行 1 000 次重抽样评估,其他参数为默认值。

6.2.3 蛋白质保守基因序列分析

利用 MEME(http://meme-suite.org/)在线分析鉴定水稻纹枯病菌 MAPK 级联信号途径蛋白序列的保守基因序列(motif)。参数设置:①motif 宽度为 6~50;②最大 motif 数目为 10;③迭代循环数为默认值。

6.2.4　水稻纹枯病菌不同融合群 MAPK 级联信号途径简图的绘制

依据上述 Blastp、蛋白结构域分析,系统进化树、保守基序分析结果,确定水稻纹枯病菌 MAPK 信号途径基因,并绘制出水稻纹枯病菌中 4 条 MAPK 级联信号途径的简图。

6.3　结果与分析

水稻纹枯病菌 AG 1－IA 和 AG 5 侵染不同寄主的转录组数据显示,AG 5 转录组差异表达基因中存在 MAPK 信号途径基因,而在 AG 1－IA 转录组差异表达基因中并未发现 MAPK 信号途径基因的存在。推测水稻纹枯病菌不同融合群的 MAPK 信号途径存在差异。本研究利用已公布的水稻纹枯病菌的不同融合群基因组数据库,探究融合群间 MAPK 信号途径的差异。

6.3.1　不同融合群水稻纹枯病菌 MAPK 信号途径蛋白同源序列的获得

从表 6.1 可知,水稻纹枯病菌(taxid:456999)及 AG 3 Rhs 1 AP(taxid:1086054)基因组数据库中均存在与 Fus3、Hog1、Slt2 及 Ime2－MAPK 信号途径相对应的蛋白序列。水稻纹枯病菌(taxid:456999)中获得 3 个 MAPKKK 同源(CUA72248.1、CUA72399.1 和 CUA72471.1),3 个 MAPKK 同源(CUA68809.1、CUA66739.1 和 CUA70537.1),以及 6 个 MAPK 同源(CUA76898.1、CUA76900.1、CUA66989.1、CUA70636.1、CUA71934.1 和 CUA77564.1)。AG 3 Rhs 1 AP(taxid:1086054)中发现 3 个 MAP-KKK 同源(EUC66136.1、EUC67209.1 和 EUC67285.1),3 个 MAPKK 同源(EUC63369.1、EUC64141.1 和 EUC54708.1),以及 5 个 MAPK 同源(EUC65175.1、EUC62371.1、EUC59053.1、EUC58900.1 和 EUC53713.1)。

AG 1－IB(taxid:1108050)中存在与 Fus3、Hog1 及 Slt2－MAPK 信号途径相对应的蛋白序列。共得到 2 个 MAPKKK 同源(CEL52263.1 和 CEL52181.1),3 个 MAPKK 同源(CEL62620.1、CEL60804.1 和 CEL54072.1),以及 4 个 MAPK 同源(CEL57915.1、CEL61934.1、CEL59118.1 和 CEL52602.1)。在 AG 1－IA(taxid:983506)中存在 2 个 MAPKKK 同源蛋白序列(ELU43869.1 和 ELU44465.1)和 1 个 MAPK 同源蛋白序列(ELU44878.1)。而 AG 8 WAC10335(taxid:1287689)中存在 1 个 MAPKKK 同源蛋白序列(KDN51543.1),1 个 MAPKK 同源蛋白序列(KDN49801.1)和 1 个 MAPK 同源蛋白序列(KDN35725.1)。

表 6.1　水稻纹枯病菌中 MAPK 信号途径蛋白同源序列

信号途径	蛋白	功能	*S. cerevisiae* (S288c) taxid:559292	*R. solani* taxid:456999	*R. solani* AG 1－IA taxid:983506	*R. solani* AG 1－IB taxid:1108050	*R. solani* AG 3 Rhs 1 AP taxid:1086054	*R. solani* AG 8 WAC10335 taxid:1287689
Fus3/Kss1 MAPK pathway	Ste11	MAPKKK	NP_013466.1	CUA72248.1 CUA72399.1	ELU43869.1	CEL52263.1	EUC66136.1 EUC67209.1	—
	Ste7	MAPKK	NP_010122.1	CUA68809.1	—	CEL62620.1	EUC63369.1	—
	Fus3	MAPK	NP_009537.1	CUA76898.1 CUA76900.1 CUA66989.1 CUA70636.1 CUA71934.1	ELU44878.1	CEL57915.1 CEL61934.1 CEL59118.1 CEL52602.1	EUC65175.1 EUC62371.1 EUC59053.1 EUC58900.1	KDN35725.1
	Kss1	MAPK	NP_011554.3	CUA76898.1 CUA76900.1 CUA66989.1 CUA70636.1 CUA71934.1	ELU44878.1	CEL57915.1 CEL61934.1 CEL59118.1 CEL52602.1	EUC65175.1 EUC62371.1 EUC59053.1 EUC58900.1	KDN35725.1
Hog1 MAPK pathway	Ssk2	MAPKKK	NP_014428.1	CUA72471.1	ELU44465.1	CEL52181.1	EUC67285.1	KDN51543.1
	Ssk22	MAPKKK	NP_009998.2	CUA72471.1	ELU44465.1	CEL52181.1	EUC67285.1	KDN51543.1
	Pbs2	MAPKK	NP_012407.2	CUA66739.1	—	CEL60804.1 CEL62620.1	EUC64141.1	KDN49801.1
	Hog1	MAPK	NP_013214.1	CUA71934.1 CUA76898.1 CUA76900.1 CUA66989.1 CUA70636.1	—	CEL59118.1 CEL57915.1 CEL61934.1 CEL52602.1	EUC58900.1 EUC65175.1 EUC59053.1 EUC62371.1	KDN35725.1
Slt2 MAPK pathway	Bck1	MAPKKK	NP_012440.1	CUA72399.1	ELU43869.1 ELU44465.1	CEL52263.1 CEL52181.1	EUC67209.1 EUC66136.1	KDN51543.1
	Mkk1	MAPKK	NP_014874.1	CUA70537.1 CUA68809.1	—	CEL54072.1 CEL62620.1	EUC54708.1	—

续表6.1

信号途径	蛋白	功能	*S. cerevisiae* (S288c) taxid:559292	*R. solani* taxid:456999	*R. solani* AG 1−IA taxid:983506	*R. solani* AG 1−IB taxid:1108050	*R. solani* AG 3 Rhs 1 AP taxid:1086054	*R. solani* AG 8 WAC10335 taxid:1287689
Mkk2	MAPKK	NP_015185.1	CUA70537.1 CUA68809.1	—	CEL54072.1 CEL62620.1	EUC54708.1	—	
Slt2	MAPK	NP_011895.1	CUA66989.1 CUA70636.1 CUA76898.1 CUA71934.1 CUA76900.1		CEL61934.1 CEL52602.1 CEL59118.1 CEL57915.1	EUC62371.1 EUC59053.1 EUC65175.1 EUC58900.1	KDN35725.1	
Other	Ime2	MAPK	NP_012429.1	CUA77564.1	—	—	EUC53713.1	

6.3.2　水稻纹枯病菌 MAPK 信号途径蛋白同源序列结构域分析

利用在线蛋白质结构域预测软件 SMART 对表 6.2 中的 38 个水稻纹枯病菌的 MAPK 信号途径基因进行结构域分析。结果表明,水稻纹枯病菌的 MAPK 信号途径基因均含有丝氨酸/苏氨酸蛋白激酶结构域(S_TKc),该结构域主要分布在蛋白质的 N 端或者 C 端。其中,CUA72248.1、ELU43869.1 和 EUC66136.1 除 S_TKc 结构域外,还含有一个 SAM 结构域和一个 Ras_bdg_2 结构域,其中 CUA72248.1 还含有一个 Peptidase_S10 结构域。

6.3.3　不同融合群水稻纹枯病菌 MAPK 信号途径蛋白同源序列的进化分析

为明确水稻纹枯病菌 MAPKKK、MAPKK 及 MAPK 基因家族成员的进化关系,以酿酒酵母为参照系,将水稻纹枯病菌、酿酒酵母、玉米黑粉病菌和稻瘟病菌中的 MAPK 信号途径中相关蛋白序列进行多重序列比对,利用 MEGA 6.0 软件中的邻近法构建系统进化树。

从图 6.1 可知,3 种植物病原真菌 MAPKKK 家族同源基因在氨基酸水平上表现高度的相似性。病原真菌的 MAPKKK 基因主要分为 3 类,分别为 Ste11、Bck1 和 Ssk2,其中 Ste11 和 Bck1 间的亲缘关系更近。CUA72399.1、EUC67209.1 和 CEL52263.1 与 Bck1 类亲缘关系较近;ELU43869.1、CUA72248.1 及 EUC66136.1 与 Ste11 亲缘关系最近;CEL52181.1、ELU44465.1、CUA72471.1、EUC67285.1 和 KDN51543.1 与 Ssk2 亲缘关系更近。

3 种植物病原真菌的 MAPKK 家族同源基因在氨基酸水平上也表现出了高度的相似性(图 6.2)。3 种病原真菌的系统进化树主要分为 3 个大分支,分别为 Ste7、Pbs2 和

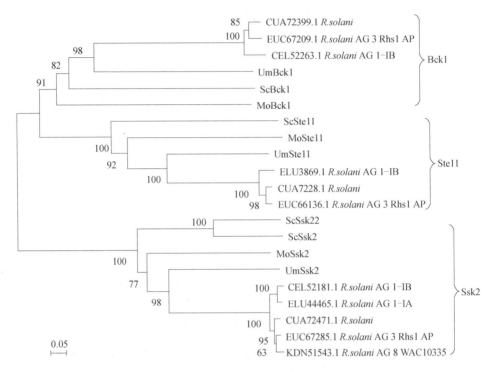

图 6.1　MAPKKK 基因家族系统进化树分析

注:蛋白名称前两个字母代表不同物种。Sc:酿酒酵母;Um:玉米黑粉病菌;Mo:稻瘟病菌。

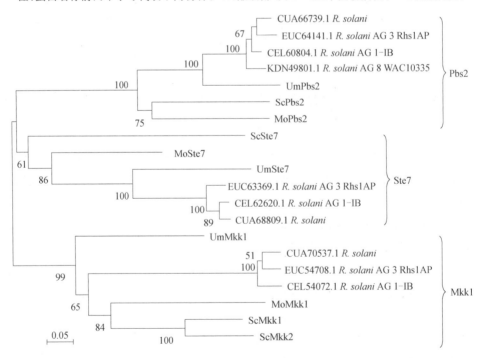

图 6.2　MAPKK 基因家族系统进化树分析

Mkk1。水稻纹枯病菌在其中 3 个分支中都有 MAPKK,其中 CUA66739.1、EUC64141.1、CEL60804.1 和 KDN49801.1 属于 Pbs2 类;EUC63369.1、CEL62620.1 和 CUA68809.1 属于 Ste7 类;CUA70537.1、EUC54708.1 和 CEL54072.1 属于 Mkk1 类。

　　3 种植物病原真菌的 MAPK 途径相关基因在氨基酸水平上同样呈现出高度的相似性(图 6.3)。病原真菌的 MAPK 级联反应中普遍存在 4 条通路,分别为 Kss1/Fus3、Hog1、Slt2 和 Ime2。在每条通路中均存在水稻纹枯病菌的 MAPK 基因,CEL57915.1、CUA76900.1、CUA76898.1 和 EUC65175.1 属于 Fus3 类,而 ELU44878.1 在进化上与 Fus3/Kss1 亲缘关系较远;CEL59118.1、KDN35725.1、CUA71934.1 及 EUC58900.1 属于 Hog1 类;CEL61934.1、EUC59053.1 及 CUA70636.1 与 Slt2 亲缘关系相对较远,结

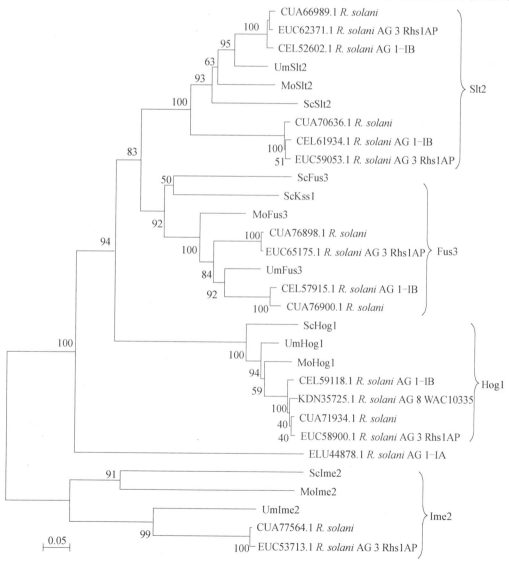

图 6.3　MAPK 基因家族系统进化树分析

合表 1,采用排除法可得出 CEL52602.1、CUA66989.1 和 EUC62371.1 属于 Slt2 类; CUA77564.1 和 EUC53713.1 属于 Ime2 类。

6.3.4 水稻纹枯病菌 MAPK 信号途径蛋白保守基序分析

利用 MEME 在线服务器分析结果(图 6.4(a))显示,在 10 个 motifs 中有 6 个 motifs (motif 1~6)在所有水稻纹枯病菌 MAPKKK 中高度保守,且位置近于 C 端。motif 1 中包含 Ser/Thr 蛋白激酶活性位点标签序列 ilHRDiKgdNILv,motif 3 包含蛋白激酶 ATP－binging 位点标签序列 vGsGsFGsVYcamnlvsGllMAVK。

由图 6.4(b)可以看出,在 10 个 motifs 中有 6 个 motifs(motif 1、motif 2、motif 4、motif 5、motif 6 和 motif 10)在所有水稻纹枯病菌 MAPKK 中高度保守,另外 4 个具有特异性。motif 1 中包含 Ser/Thr 蛋白激酶活性位点标签序列 itHRDIKPsNiLv,motif 5 包含蛋白激酶 ATP－binging 位点标签序列 LGeGngGtVkkVyhkptgvvMAKK。

水稻纹枯病菌 MAPK 的氨基酸保守基序的 MEME 在线服务器分析结果(图 6.4 (c))显示,在返回的 10 个 motifs 中有 5 个 motifs(motif 1、motif 2、motif 5、motif 6 和 motif 7)在所有的 MAPK 中均出现,且排列顺序高度保守。motif 2 中包含 Ser/Thr 蛋白激酶活性位点标签序列 ViHRDLKPsNLLv,motif 4 包含蛋白激酶 ATP－binging 位点标签序列 vGeGAyGlVvSAkdelsgeaVAIKK。而在 RsIme2 中未发现蛋白激酶 ATP－binging 位点标签序列。

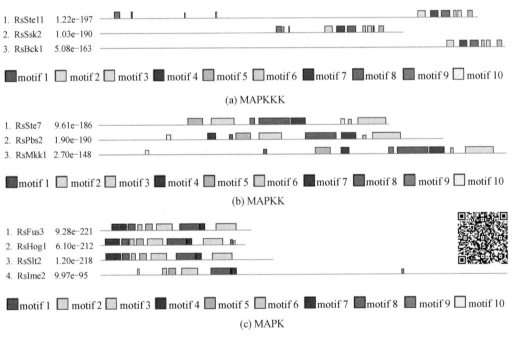

图 6.4　水稻纹枯病菌 MAPKKK、MAPKK 和 MAPK 保守基序分析

6.3.5　不同融合群水稻纹枯病菌 MAPK 信号途径模型的构建

根据上述 Blastp、蛋白结构域分析、系统进化树及蛋白保守基序分析结果,结合酿酒酵母及其他植物病原真菌 MAPK 级联信号途径的研究,可对水稻纹枯病菌 MAPK 信号途径进行预测。结果如图 6.5 所示,水稻纹枯病菌(taxid:456999)和 AG 3 Rhs 1 AP(taxid:1086054)基因组中存在 Fus3/Kss1、Hog1、Slt2 和 Ime2－MAPK 级联信号途径,AG 1－IB(taxid:1108050)中存在 Fus3/Kss1、Hog1 及 Slt2－MAPK 级联信号途径,AG 8 WAC10335(taxid:1287689)中仅发现 Hog1－MAPK 级联信号途径,而 AG 1－IA(taxid:983506)未找到完整的信号途径相关基因,仅找到 2 个 MAPKKK 基因。

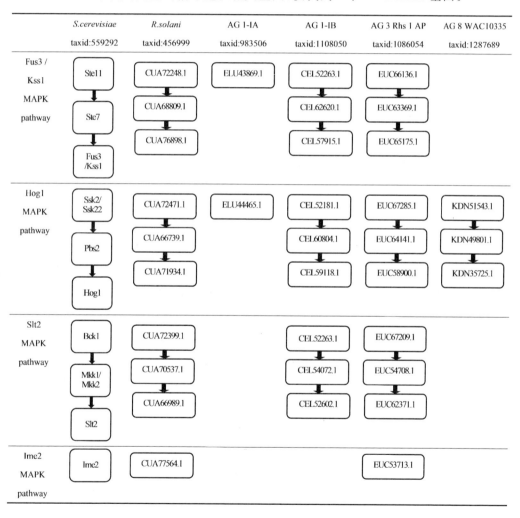

图 6.5　水稻纹枯病菌的 MAPK 信号途径简图

6.4 讨 论

研究表明,MAPK 级联信号途径在植物病原真菌自身生长发育及侵染致病寄主植物过程中均起到非常重要作用,其中包括调控病原真菌的有性生殖、分生孢子形成、附着胞发育、细胞壁完整性及致病毒力因子的表达等。MAPK 级联信号途径的结构及组分在进化过程中具有高度的保守性,通过激酶的磷酸化及去磷酸化来传递信号。目前,立枯丝核菌 AG 1-IA(36.94 Mb encoding 10489 ORFs)、立枯丝核菌 AG 1-IB(47.65 Mb encoding 12268 proteins)、立枯丝核菌 AG 3(51.7 Mb encoding 12726 proteins)和立枯丝核菌 AG 8(39.8 Mbencoding 13964 proteins)基因组测序工作的完成为研究该病原菌致病的分子机制提供了一些机会。本研究基于真核生物 MAPK 相关蛋白的高度同源性,在全基因组水平上对水稻纹枯病 MAPK 信号途径进行分析。利用蛋白同源搜索法、系统进化树分析和蛋白结构域、保守基序分析相互印证及补充,搜索比对,从目前已公布的 5 个水稻纹枯病菌基因组中鉴定出了 11 个 MAPKKK、10 个 MAPKK 和 12 个 MAPK 基因,并绘制出水稻纹枯病菌的 Kss1/Fus3、Hog1、Slt2 和 Ime2 级联信号途径简图。

MAPK 级联信号途径在真核生物的信号传导过程中具有核心作用,在进化上组成信号链的激酶成员在酵母、病原真菌和植物中具有很高的保守性,且在功能上也趋于保守。本研究结果显示,在目前已公布的 5 个水稻纹枯病菌全基因组中,仅在水稻纹枯病菌(taxid:456999)和 AG 3 Rhs 1 AP(taxid:1086054)基因组中找到了 Fus3/Kss1、Hog1、Slt2 和 Ime2-MAPK 信号途径的相关基因,AG 1-IB(taxid:1108050)中存在与 Fus3/Kss1、Hog1 及 Slt2-MAPK 信号途径相对应的蛋白序列,而在 AG 1-IA(taxid:983506)和 AG 8 WAC10335(taxid:1287689)中未找到完整的信号途径相关基因,仅分别找到 2 个 MAPKKK 基因和 1 条信号途径的相关基因。其原因可能是水稻纹枯病菌中的部分菌株在 MAPK 信号传导途径中具有特殊性,或者由于个别菌株在蛋白和基因水平上的注释和研究还不完全。Fus3/Kss1-MAPK 级联信号途径参与调控附着胞发育和病原真菌的侵入过程。Ste11 被上游信号组件激活后发生磷酸化激活 Ste7,然后活化的 Ste7 作用于下游基因 *Fus3* 和 *Kss1*。在酿酒酵母中,*Fus3* 决定其交配反应的进行,而 Kss1 在调控其菌丝生长发育起到关键作用。炭疽病菌(*C. higginsianum*)中 *Fus3/Kss1* 类 MAPK 同源基因 *ChMK1* 突变后,导致炭疽病菌的附着胞的形成及分生孢子的产生大幅降低,同时其侵染致病能力也受到严重影响。植物病原真菌的侵染方式主要有 2 种:一种是以菌丝直接穿透寄主表面细胞或从气孔、伤口等直接侵入;另一种是形成侵染垫和附着胞,进而形成侵入钉进行侵染。水稻纹枯病菌株 AG 1-IB(taxid:1108050)中 Ste11 同源蛋白 CEL52263.1 在亲缘关系上与 Bck1 类蛋白更近,而 Ste11 与 Bck1 亲缘关系较近,因此推测 CEL52263.1 在 Fus3 和 Slt2 通路中均行使 MAPKKK 功能,能够激活下游 MAPKK,完成信号的传导,参与附着胞的形成及病菌的致病过程。

Hog1-MAPK 级联信号途径在外界高渗透压的诱导下,激活甘油合成及相关酶基因的转录,提高细胞内的甘油浓度从而维持细胞内渗透压,便于细胞正常的生理代谢。该途径中 Ssk2 或 Ssk22 发生磷酸化并激活 Pbs2,进而活化 Hog1 介导细胞外高渗透压诱导反应,但在不同的植物病原真菌中该途径的功能差异较大。Lin 等在对柑橘褐斑病菌(*Alternaria alternate*)研究中发现,*AaHOG1* 基因参与高渗胁迫反应,突变体对高渗透、盐胁迫、H_2O_2 胁迫的抗性显著下降,同时导致病菌的致病力降低。本研究发现在水稻纹枯病菌 AG 8 WAC10335(taxid:1287689)基因组中存在 Hog1 途径的 Ssk2、Pbs2 及 Hog1 同源蛋白,因此,水稻纹枯病菌中可能存在高渗胁迫反应调节机制。

Slt2-MAPK 级联信号途径主要在保持细胞壁的完整性上起着重要作用,该途径中 Bck1 磷酸化激活 Mkk1 或 Mkk2,然后激活 Slt2。有关胶孢炭疽病(*Colletotrichum gloeosporioides*)的研究表明,Slt2 同源基因 Cgl-SLT2 突变菌株形成附着胞的能力减弱,分生孢子的产量减少,致病能力大幅降低。玉米弯孢叶斑病菌(*Curvularia lunata*)中 Slt2 同源基因 *Clm1* 基因参与调控与该病原菌致病性相关性状,如细胞壁结构完整性、分生孢子的形成及纤维素酶活性等性状。水稻纹枯病菌(taxid:456999)、AG 1-IB(taxid:1108050)和 AG 3 Rhs 1 AP(taxid:1086054)基因组中存在完整的 Slt2-MAPK 途径,因此,预测在水稻纹枯病菌中该途径的同源基因可能参与其细胞壁的完整性及致病性。

在植物病原真菌中普遍存 3 条 MAPK 级联信号途径:Fus3/Kss1、Hog1 和 Slt2,但有研究指出,植物病原真菌中可能存在第 4 条 MAPK 途径。巩校东等研究发现,在玉米大斑病菌(*S. turcica*)的 MAPK 家族存在 4 个分支,分别为 Fus3/Kss1、Hog1、Slt2 和 Ime2,其中 Hog1 和 Ime2 类的亲缘关系较近。在已完成全基因组测序的稻瘟病(*M. oryzae*)、玉米黑粉病菌(*U. maydis*)及灰葡萄孢(*Botrytis cinerea*)等植物病原真菌中均存在酿酒酵母 Ime2 的同源基因。病原真菌的 Ime2 同源蛋白作用类似于 MAPK,且具有 MAPK 家族保守的激酶活性位点和磷酸化位点,因此认为 Ime2 可能为植物病原真菌的第 4 条 MAPK 途径。本研究发现,在水稻纹枯病菌(taxid:456999)和 AG 3 Rhs 1 AP(taxid:1086054)中存在 Ime2 同源基因,但目前尚未有研究表明哪个 MAPKK 能够激活 Ime2,仍需进一步探究。

目前,关于水稻纹枯病菌 MAPK 级联信号系统的研究鲜见报道。本研究基于真核生物 MAPK 蛋白的保守性和不同融合群水稻纹枯病菌全基因组数据库,利用同源比对法,找出水稻纹枯病菌中可能存在的 MAPK 信号途径基因,分析基因结构与功能,绘制水稻纹枯病菌 MAPK 级联信号途径的结构简图,为今后深入开展水稻纹枯病菌 MAPK 信号途径调控机制和水稻纹枯病菌的致病分子机理研究奠定理论基础。

6.5 结 论

水稻纹枯病菌（taxid：456999）和 AG 3 Rhs 1 AP（taxid：1086054）基因组中存在 Fus3/Kss1－MAPK、Hog1－MAPK、Slt2－MAPK 和 Ime2－MAPK 信号通路。AG 1－IB（taxid：1108050）基因组中存在 Fus3/Kss1－MAPK、Hog1－MAPK、Slt2－MAPK 通路，AG 8 WAC10335（taxid：1287689）基因组中仅存在 Hog1－MAPK 通路，而 AG 1－IA（taxid：983506）基因组中只有 2 个 MAPKKK 基因，未找到完整的信号通路。说明不同融合群水稻纹枯病菌的 MAPK 级联信号途径存在较大的差异。

附　　录

附表 1　水稻纹枯病菌 AG 1－IA 侵染不同寄主中致病相关基因预测

基因	条目	致病基因	突变表型	致病菌种类	$\log_2(FC)$ R_1/C_1	$\log_2(FC)$ X_1/C_1
AG1IA_03150.gene	PHI:3329	Ss—oah1	reduced virulence	S. sclerotiorum	1.37	—
AG1IA_01120.gene	PHI:261	ICL1	reduced virulence	Leptosphaeria maculans	1.54	—
AG1IA_05521.gene	PHI:1354	GzC2H014	reduced virulence	F. graminearum	1.03	—
AG1IA_03714.gene	PHI:3329	Ss—oah1	reduced virulence	S. sclerotiorum	1.56	—
AG1IA_01721.gene	PHI:5234	MoARG7	reduced virulence	M. oryzae	1.00	—
AG1IA_08422.gene	PHI:3947	XC_0281	reduced virulence	Xanthomonas campestris	1.21	—
AG1IA_05224.gene	PHI:9266	FUM6	reduced virulence	F. proliferatum	1.14	—
AG1IA_03459.gene	PHI:3035	FgERG3A	reduced virulence	F. graminearum	1.09	—
AG1IA_04185.gene	PHI:7788	AldB	reduced virulence	Pseudomonas syringae	1.06	—
R_solani_newGene_2975	PHI:2117	SPM1	reduced virulence	M. oryzae	1.23	—
R_solani_newGene_2180	PHI:2117	SPM1	reduced virulence	M. oryzae	1.61	—
R_solani_newGene_1295	PHI:8646	FgLDHL2	reduced virulence	F. graminearum	4.20	—
R_solani_newGene_807	PHI:1046	CTB5	reduced virulence	Cercospora nicotianae	2.60	—
AG1IA_08900.gene	PHI:112	MAK1	reduced virulence	Fusarium solani	−1.47	—
AG1IA_07927.gene	PHI:9266	FUM6	reduced virulence	F. proliferatum	−1.147	—
R_solani_newGene_2894	PHI:4242	Fgl1	reduced virulence	Fusarium graminearum	−1.22	—
AG1IA_04892.gene	PHI:4249	aroA	reduced virulence	Burkholderia glumae	−1.30	—
AG1IA_04890.gene	PHI:4250	aroB	reduced virulence	B. glumae	−1.23	—
AG1IA_03190.gene	PHI:2839	RED1	reduced virulence	Bipolaris maydis	−1.06	—
AG1IA_04180.gene	PHI:6455	MoYcp4	reduced virulence	M. oryzae	−1.30	—
AG1IA_02400.gene	PHI:9310	pgi	reduced virulence	Erwinia amylovora	−1.01	—
AG1IA_09133.gene	PHI:2700	lac2	reduced virulence	C. orbiculare	−1.09	—
AG1IA_04893.gene	PHI:7791	AroE	reduced virulence	Xanthomonas oryzae	−1.20	—
AG1IA_00723.gene	PHI:9266	FUM6	reduced virulence	F. proliferatum	−1.27	—
AG1IA_00035.gene	PHI:6271	VdThit	reduced virulence	V. dahliae	1.30	1.40

续表

基因	条目	致病基因	突变表型	致病菌种类	$\log_2(FC)$ R_1/C_1	$\log_2(FC)$ X_1/C_1
AG1IA_01639.gene	PHI:2710	mepB	reduced virulence	C. gloeosporioides	3.21	2.82
AG1IA_03401.gene	PHI:2985	MGG_04521.6	reduced virulence	M. oryzae	1.47	1.01
AG1IA_06067.gene	PHI:2911	Ss−pth2	reduced virulence	S. sclerotiorum	1.65	2.32
AG1IA_03837.gene	PHI:811	MGG_10510	reduced virulence	M. oryzae	1.07	1.07
AG1IA_08265.gene	PHI:6119	BTA1	reduced virulence	F. graminearum	1.96	2.03
AG1IA_08909.gene	PHI:2976	CgOPT1	reduced virulence	C. gloeosporioides	1.72	1.56
AG1IA_09412.gene	PHI:1086	FGSG_00416	reduced virulence	F. graminearum	1.64	1.90
AG1IA_01555.gene	PHI:3329	Ss−oah1	reduced virulence	S. sclerotiorum	4.83	1.63
AG1IA_03922.gene	PHI:2117	SPM1	reduced virulence	M. oryzae	2.42	2.14
AG1IA_02711.gene	PHI:5190	MoPRX1	reduced virulence	M. oryzae	1.20	1.25
R_solani_newGene_601	PHI:1047	CTB6	reduced virulence	C. nicotianae	1.49	1.58
R_solani_newGene_1562	PHI:256	GAS1	reduced virulence	M. oryzae	1.39	2.12
R_solani_newGene_2241	PHI:2117	SPM1	reduced virulence	M. oryzae	1.90	1.05
R_solani_newGene_2709	PHI:9144	FGSG_02015	reduced virulence	F. graminearum	1.76	1.25
R_solani_newGene_3283	PHI:811	MGG_10510	reduced virulence	M. oryzae	1.35	1.25
AG1IA_03171.gene	PHI:6198	SOD1	reduced virulence	F. graminearum	−1.14	−1.22
AG1IA_08293.gene	PHI:9266	FUM6	reduced virulence	F. proliferatum	−1.95	−2.50
AG1IA_01832.gene	PHI:2909	Cyp51C	reduced virulence	F. graminearum	−1.76	−1.57
AG1IA_06915.gene	PHI:2353	AMT1	reduced virulence	F. graminearum	−1.04	−1.30
AG1IA_06531.gene	PHI:3919	fer1	reduced virulence	U. maydis	−1.34	−1.54
AG1IA_08014.gene	PHI:7281	PsINV	reduced virulence	P. striiformis	−1.74	−1.69
AG1IA_08249.gene	PHI:8574	cysJ	reduced virulence	Dickeya dadantii	−3.51	−1.34
R_solani_newGene_657	PHI:7173	HiC−15	reduced virulence	V. dahliae	−1.12	−1.19
R_solani_newGene_731	PHI:6121	FGSG_03243	reduced virulence	F. graminearum	−1.05	−1.11
R_solani_newGene_2267	PHI:5188	MoHPX1	reduced virulence	M. oryzae	−1.09	−1.00
R_solani_newGene_2526	PHI:438	BcBOT1	reduced virulence	B. cinerea	−1.43	−1.25
R_solani_newGene_3011	PHI:2728	FgERG4	reduced virulence	F. graminearum	−2.02	−2.35
R_solani_newGene_3041	PHI:1027	bcpg1	reduced virulence	B. cinerea	−1.08	−1.28
R_solani_newGene_2398	PHI:9266	FUM6	reduced virulence	F. proliferatum	−1.35	−1.28
R_solani_newGene_2109	PHI:8570	metB	reduced virulence	D. dadantii	−1.28	−1.40

续表

基因	条目	致病基因	突变表型	致病菌种类	$\log_2(FC)$ R_1/C_1	$\log_2(FC)$ X_1/C_1
R_solani_newGene_2722	PHI:9074	fet3-1	reduced virulence	C. graminicola	-2.38	-1.54
AG1IA_01863. gene	PHI:55	PKS1	reduced virulence	B. maydis	—	2.15
AG1IA_02165. gene	PHI:6455	MoYcp4	reduced virulence	M. oryzae	—	1.01
AG1IA_05135. gene	PHI:243	CHIP6	reduced virulence	C. gloeosporioides	—	1.11
R_solani_newGene_43	PHI:3947	XC_0281	reduced virulence	X. campestris	—	1.64
R_solani_newGene_2853	PHI:2296	tmpL	reduced virulence	Alternaria brassicicola	—	1.65
R_solani_newGene_1490	PHI:2296	tmpL	reduced virulence	A. brassicicola	—	1.18
AG1IA_02567. gene	PHI:2175	NMR3	reduced virulence	M. oryzae	—	-1.21
AG1IA_03551. gene	PHI:199	AOX1	reduced virulence	Passalora fulva	—	-1.14
R_solani_newGene_1124	PHI:9144	FGSG_02015	reduced virulence	F. graminearum	—	-1.35
AG1IA_03302. gene	PHI:5271	fabG1	lethal	Ralstonia solanacearum	1.10	—
AG1IA_09453. gene	PHI:1221	FGSG_04054	lethal	F. graminearum	-1.01	—
AG1IA_00611. gene	PHI:1230	FGSG_06959	lethal	F. graminearum	—	1.21
AG1IA_08726. gene	PHI:3162	Mohik8	loss of pathogenicity	M. oryzae	1.06	
AG1IA_02895. gene	PHI:8677	RSc0454	loss of pathogenicity	R. solanacearum	-1.49	—
AG1IA_06039. gene	PHI:352	GLO1	loss of pathogenicity	U. maydis	-2.04	—
AG1IA_08447. gene	PHI:8884	aroG1	loss of pathogenicity	R. solanacearum	-1.00	—
R_solani_newGene_1759	PHI:352	GLO1	loss of pathogenicity	U. maydis	1.01	1.12
AG1IA_06593. gene	PHI:1071	Gas1	loss of pathogenicity	U. maydis	-1.11	-1.07
AG1IA_07805. gene	PHI:1071	Gas1	loss of pathogenicity	U. maydis	-1.56	-1.33
AG1IA_03043. gene	PHI:133	AKT1	loss of pathogenicity	Al. alternata	—	1.15
AG1IA_02594. gene	PHI:2393	O-methylsterigmatocystin oxidoreductase	increased virulence (hypervirulence)	F. graminearum	2.71	—
AG1IA_10295. gene	PHI:2393	O-methylsterigmatocystin oxidoreductase	increased virulence (hypervirulence)	F. graminearum	2.33	—
R_solani_newGene_953	PHI:2393	O-methylsterigmatocystin oxidoreductase	increased virulence (hypervirulence)	F. graminearum	1.70	—
R_solani_newGene_1522	PHI:2393	O-methylsterigmatocystin oxidoreductase	increased virulence (hypervirulence)	F. graminearum	-1.01	—

续表

基因	条目	致病基因	突变表型	致病菌种类	$\log_2(FC)$ R_1/C_1	$\log_2(FC)$ X_1/C_1
AG1IA_03990. gene	PHI:2393	O—methylsterigmatocystin oxidoreductase	increased virulence (hypervirulence)	F. graminearum	−1.32	−1.81
R_solani_newGene_3332	PHI:2393	O—methylsterigmatocystin oxidoreductase	increased virulence (hypervirulence)	F. graminearum	−1.14	−1.27
R_solani_newGene_3233	PHI:2393	O—methylsterigmatocystin oxidoreductase	increased virulence (hypervirulence)	F. graminearum	−1.06	−1.46
AG1IA_04060. gene	PHI:2393	O—methylsterigmatocystin oxidoreductase	increased virulence (hypervirulence)	F. graminearum	—	1.46
AG1IA_09309. gene	PHI:2393	O—methylsterigmatocystin oxidoreductase	increased virulence (hypervirulence)	F. graminearum	—	−1.38
AG1IA_10455. gene	PHI:2393	O—methylsterigmatocystin oxidoreductase	increased virulence (hypervirulence)	F. graminearum	—	2.79
R_solani_newGene_2590	PHI:2393	O—methylsterigmatocystin oxidoreductase	increased virulence (hypervirulence)	F. graminearum	—	−1.32

附表 2　水稻纹枯病菌 AG 5 侵染不同寄主中致病相关基因预测

基因	条目	致病基因	突变表型	致病菌种类	$\log_2(FC)$ R_5/C_5	$\log_2(FC)$ X_5/C_5
c10170. graph_c0	PHI:9074	fet3−1	reduced virulence	C. graminicola	1.98	—
c12152. graph_c0	PHI:2204	endo−1,4− beta−xylanase	reduced virulence	M. oryzae	1.46	—
c12616. graph_c0	PHI:2289	BcBOA2	reduced virulence	B. cinerea	1.10	—
c13147. graph_c0	PHI:4231	MoFLP1	reduced virulence	M. oryzae	1.55	—
c15253. graph_c0	PHI:1354	GzC2H014	reduced virulence	F. graminearum	1.04	—
c8620. graph_c0	PHI:339	CLPT1	reduced virulence	Colletotrichum lindemuthianum	1.04	—
c9856. graph_c0	PHI:2147	Erl1	reduced virulence	M. oryzae	1.15	—
c15477. graph_c0	PHI:9266	FUM6	reduced virulence	F. proliferatum	1.10	—
c13861. graph_c0	PHI:9825	CYP51B	reduced virulence	F. graminearum	−1.86	—
c9211. graph_c0	PHI:1051	CTB3	reduced virulence	C. nicotianae	−1.41	—

续表

基因	条目	致病基因	突变表型	致病菌种类	$\log_2(FC)$ R_5/C_5	$\log_2(FC)$ X_5/C_5
c6100. graph_c0	PHI:3035	FgERG3A	reduced virulence	F. graminearum	−1.41	—
c6438. graph_c0	PHI:222	PELB	reduced virulence	C. gloeosporioides	−1.27	—
c8643. graph_c0	PHI:2911	Ss−pth2	reduced virulence	S. sclerotiorum	2.05	3.40
c7523. graph_c0	PHI:222	PELB	reduced virulence	C. gloeosporioides	1.67	2.06
c2522. graph_c0	PHI:3329	Ss−oah1	reduced virulence	S. sclerotiorum	3.95	6.64
c4507. graph_c0	PHI:261	ICL1	reduced virulence	L. maculans	1.76	2.72
c5960. graph_c1	PHI:3329	Ss−oah1	reduced virulence	S. sclerotiorum	2.80	4.75
c14093. graph_c0	PHI:3329	Ss−oah1	reduced virulence	S. sclerotiorum	4.62	6.77
c10296. graph_c0	PHI:4231	MoFLP1	reduced virulence	M. oryzae	1.57	1.25
c2920. graph_c0	PHI:4509	Ss−odc2	reduced virulence	S. sclerotiorum	−2.31	−2.20
c3949. graph_c0	PHI:7226	tps1	reduced virulence	M. oryzae	−1.17	−1.37
c5275. graph_c0	PHI:2985	MGG_04521. 6	reduced virulence	M. oryzae	−1.57	−1.10
c14392. graph_c0	PHI:860	MSP1	reduced virulence	M. oryzae	−1.16	−2.16
c15015. graph_c0	PHI:310	MgAtr4	reduced virulence	Z. tritici	−2.24	−2.59
c12138. graph_c0	PHI:7226	tps1	reduced virulence	M. oryzae	−1.17	−1.60
c10157. graph_c0	PHI:7707	VEDA_05197	reduced virulence	V. dahliae	−3.83	−2.81
c8248. graph_c0	PHI:2190	MoCYP51A	reduced virulence	M. oryzae	−1.00	−1.49
c8629. graph_c0	PHI:4231	MoFLP1	reduced virulence	M. oryzae	−1.21	−1.39
c8597. graph_c0	PHI:256	GAS1	reduced virulence	M. oryzae	−2.15	−2.21
c8687. graph_c0	PHI:5440	ABA4	reduced virulence	M. oryzae	−3.73	−3.51
c8712. graph_c0	PHI:7253	KatA	reduced virulence	E amylovora	−1.37	−2.22
c10582. graph_c0	PHI:9266	FUM6	reduced virulence	F. proliferatum	—	1.66
c10722. graph_c0	PHI:9266	FUM6	reduced virulence	F proliferatum	—	1.36
c10832. graph_c0	PHI:5751	ScOrtholog_DIA3	reduced virulence	F graminearum	—	1.22
c11737. graph_c0	PHI:3865	GOX2	reduced virulence	Penicillium expansum	—	1.29
c11855. graph_c0	PHI:6261	PsAAT3	reduced virulence	Phytophthora sojae	—	1.12
c12360. graph_c0	PHI:3919	fer1	reduced virulence	U maydis	—	1.05
c12379. graph_c0	PHI:9986	metB	reduced virulence	X oryzae	—	2.30
c12429. graph_c0	PHI:6612	Mocapn9	reduced virulence	M. oryzae	—	1.49
c12931. graph_c0	PHI:2976	CgOPT1	reduced virulence	C. gloeosporioides	—	1.85

续表

基因	条目	致病基因	突变表型	致病菌种类	$\log_2(FC)$ R_5/C_5	$\log_2(FC)$ X_5/C_5
$c12931.graph\_c1$	PHI:2976	CgOPT1	reduced virulence	C. gloeosporioides	—	1.14
$c13005.graph\_c0$	PHI:4601	FDB2	reduced virulence	F. pseudograminearum	—	1.16
$c13083.graph\_c0$	PHI:3865	GOX2	reduced virulence	P. expansum	—	1.02
$c12379.graph\_c0$	PHI:9986	metB	reduced virulence	X. oryzae	—	2.30
$c13112.graph\_c0$	PHI:6119	BTA1	reduced virulence	F. graminearum	—	2.06
$c14364.graph\_c1$	PHI:9144	FGSG_02015	reduced virulence	F. graminearum	—	1.13
$c14768.graph\_c0$	PHI:6881	laeA	reduced virulence	P. expansum	—	1.10
$c12905.graph\_c0$	PHI:243	CHIP6	reduced virulence	C. gloeosporioides	—	1.36
$c1661.graph\_c0$	PHI:792	MGG_09250	reduced virulence	M. oryzae	—	1.52
$c5277.graph\_c0$	PHI:2147	Erl1	reduced virulence	M. oryzae	—	1.15
$c6040.graph\_c0$	PHI:3881	LaeA	reduced virulence	Aspergillus flavus	—	1.11
$c6289.graph\_c0$	PHI:4231	MoFLP1	reduced virulence	M. oryzae	—	1.08
$c6322.graph\_c0$	PHI:1028	bcpme1	reduced virulence	B. cinerea	—	3.49
$c6339.graph\_c0$	PHI:3973	ASP	reduced virulence	C. gloeosporioides	—	1.57
$c6677.graph\_c0$	PHI:6455	MoYcp4	reduced virulence	M. oryzae	—	1.07
$c7589.graph\_c0$	PHI:5188	MoHPX1	reduced virulence	M. oryzae	—	1.45
$c9094.graph\_c0$	PHI:112	MAK1	reduced virulence	F. solani	—	1.99
$c9492.graph\_c0$	PHI:199	AOX1	reduced virulence	P. fulva	—	1.60
$c9723.graph\_c0$	PHI:2976	CgOPT1	reduced virulence	C. gloeosporioides	—	1.27
$c9902.graph\_c0$	PHI:2728	FgERG4	reduced virulence	F. graminearum	—	1.14
$c10001.graph\_c0$	PHI:1384	GzC2H047	reduced virulence	F. graminearum	—	−1.50
$c10061.graph\_c0$	PHI:8735	Hog1	reduced virulence	Penicillium digitatum	—	−1.20
$c10888.graph\_c0$	PHI:5353	Famfs1	reduced virulence	Fusarium asiaticum	—	−1.68
$c11978.graph\_c0$	PHI:9266	FUM6	reduced virulence	F. proliferatum	—	−1.11
$c12575.graph\_c0$	PHI:199	AOX1	reduced virulence	P. fulva	—	−1.44
$c13624.graph\_c0$	PHI:9074	fet3−1	reduced virulence	C. graminicola	—	−1.72
$c13852.graph\_c0$	PHI:6739	MoGls2	reduced virulence	M. oryzae	—	−1.30
$c14142.graph\_c0$	PHI:4618	PcPL15	reduced virulence	Phytophthora capsici	—	−1.00
$c14218.graph\_c0$	PHI:5539	CpBck1	reduced virulence	C. parasitica	—	−1.03
$c14234.graph\_c0$	PHI:5189	MoLDS1	reduced virulence	M. oryzae	—	−1.26

续表

基因	条目	致病基因	突变表型	致病菌种类	$\log_2(FC)$ R_5/C_5	$\log_2(FC)$ X_5/C_5
$c14868.graph\_c0$	PHI:9036	$fgm5$	reduced virulence	F. graminearum	—	−1.01
$c4443.graph\_c0$	PHI:2839	RED1	reduced virulence	B. maydis	—	−1.12
$c5781.graph\_c0$	PHI:4231	MoFLP1	reduced virulence	M. oryzae	—	−1.66
$c5843.graph\_c0$	PHI:4171	iaaH−1	reduced virulence	Pseudomonas savastanoi	—	−1.02
$c7856.graph\_c0$	PHI:3863	FgGAL83	reduced virulence	F. graminearum	—	−1.39
$c8165.graph\_c0$	PHI:7788	AldB	reduced virulence	P. syringae	—	−1.09
$c8540.graph\_c0$	PHI:3947	XC_0281	reduced virulence	X. campestris	—	−1.31
$c9352.graph\_c0$	PHI:1193	(Sc Sky1)	reduced virulence	F. graminearum	—	−1.42
$c9455.graph\_c0$	PHI:6272	FgHSP90	reduced virulence	F. graminearum	—	−1.28
$c9731.graph\_c0$	PHI:1384	GzC2H047	reduced virulence	F. graminearum	—	−1.03
$c5787.graph\_c0$	PHI:2895	F−avi4330	loss of pathogenicity	Agrobacterium vitis	1.44	—
$c8695.graph\_c0$	PHI:4475	MoTup1	loss of pathogenicity	M. oryzae	1.03	—
$c14748.graph\_c0$	PHI:133	AKT1	loss of pathogenicity	A. alternata	1.37	2.13
$c15034.graph\_c0$	PHI:4475	MoTup1	loss of pathogenicity	M. oryzae	1.83	1.11
$c5352.graph\_c0$	PHI:2267	Mls1	loss of pathogenicity	Parastagonospora nodorum	2.18	2.78
$c13312.graph\_c0$	PHI:508	AFT1	loss of pathogenicity	A. alternata	−1.05	−1.17
$c11458.graph\_c0$	PHI:352	GLO1	loss of pathogenicity	Ustilago maydis	—	1.48
$c13048.graph\_c0$	PHI:9357	Fgleu1	loss of pathogenicity	F. graminearum	—	1.37
$c13186.graph\_c0$	PHI:3162	Mohik8	loss of pathogenicity	M. oryzae	—	1.06
$c13225.graph\_c0$	PHI:594	CrAT1 (PTH2)	loss of pathogenicity	M. oryzae	—	2.22
$c14945.graph\_c0$	PHI:332	CAC1	loss of pathogenicity	C. lagenaria	—	1.13
$c8635.graph\_c0$	PHI:2131	MoHox7	loss of pathogenicity	M. oryzae	—	1.47
$c13646.graph\_c0$	PHI:4750	ChPMA2	loss of pathogenicity	C. higginsianum	—	1.14
$c14171.graph\_c0$	PHI:2067	ABC4	loss of pathogenicity	M. oryzae	—	−1.17
$c14619.graph\_c0$	PHI:3162	Mohik8	loss of pathogenicity	M. oryzae	—	−1.09
$c1737.graph\_c0$	PHI:1071	Gas1	loss of pathogenicity	U. maydis	—	−1.09
$c4029.graph\_c1$	PHI:2386	ACL1	loss of pathogenicity	F. graminearum	—	−1.12
$c2343.graph\_c0$	PHI:5271	fabG1	lethal	R. solanacearum	—	−1.38
$c6315.graph\_c0$	PHI:5271	fabG1	lethal	R. solanacearum	−2.24	−2.71

续表

基因	条目	致病基因	突变表型	致病菌种类	$\log_2(FC)$ R_5/C_5	$\log_2(FC)$ X_5/C_5
$c8291.graph\_c0$	PHI:5271	$fabG1$	lethal	R. solanacearum	—	−1.05
$c4705.graph\_c0$	PHI:9711	AGLIP1	effector (plant avirulence determinant)	R. solani	−1.01	—
$c11543.graph\_c0$	PHI:9711	AGLIP1	effector (plant avirulence determinant)	R. solani	—	1.27
$c7138.graph\_c1$	PHI:9711	AGLIP1	effector (plant avirulence determinant)	R. solani	—	1.35
$c7255.graph\_c0$	PHI:7665	LysM2	effector (plant avirulence determinant)	P. expansum	—	1.43
$c14861.graph\_c0$	PHI:2393	O−methylsterigmatocystin oxidoreductase	increased virulence (hypervirulence)	F. graminearum	1.07	—
$c10375.graph\_c0$	PHI:2393	O−methylsterigmatocystin oxidoreductase	increased virulence (hypervirulence)	F. graminearum	2.41	2.05
$c9711.graph\_c0$	PHI:2393	O−methylsterigmatocystin oxidoreductase	increased virulence (hypervirulence)	F. graminearum	4.94	4.62
$c12653.graph\_c0$	PHI:2393	O−methylsterigmatocystin oxidoreductase	increased virulence (hypervirulence)	F. graminearum	—	1.01
$c13710.graph\_c0$	PHI:2393	O−methylsterigmatocystin oxidoreductase	increased virulence (hypervirulence)	F. graminearum	—	1.03
$c8171.graph\_c0$	PHI:2393	O−methylsterigmatocystin oxidoreductase	increased virulence (hypervirulence)	F. graminearum	—	1.55
$c8594.graph\_c0$	PHI:2393	O−methylsterigmatocystin oxidoreductase	increased virulence (hypervirulence)	F. graminearum	—	−1.02

参 考 文 献

[1] WU W, LIAO Y C, SHAH F, et al. Plant growth suppression due to sheath blight and the associated yield reduction under double rice-cropping system in Central China[J]. Field crops research, 2013, 144: 268-280.

[2] 董金皋. 农业植物病理学[M]. 2 版. 北京: 中国农业出版社, 2007.

[3] KHOSHKDAMAN M, MOUSANEJAD S, ALI ELAHINIA S, et al. Sheath blight development and yield loss on rice in different epidemiological conditions[J]. Journal of plant pathology, 2021, 103(1): 87-96.

[4] 王爱军, 郑爱萍. 水稻纹枯病发病特点及防治措施[J]. 中国稻米, 2018, 24(3): 124-126.

[5] 姜伟. 水稻纹枯病对产量和抗倒性的影响研究与抗病分子改良[D]. 扬州: 扬州大学, 2015.

[6] 廖皓年, 肖陵生, 王华生. 水稻纹枯病发生历史及演变原因简析[J]. 广西植保, 1997, 10(3): 35-38.

[7] 张楷正, 李平, 李娜, 等. 水稻抗纹枯病种质资源、抗性遗传和育种研究进展[J]. 分子植物育种, 2006, 4(5): 713-720.

[8] 丁磊. 水稻纹枯病菌蛋白质互作网络模型的建立及致病转录因子 STE12 的克隆与功能验证[D]. 雅安: 四川农业大学, 2014.

[9] 徐琴琴, 陈卫良, 毛碧增. 立枯丝核菌毒素的研究进展[J]. 核农学报, 2020, 34(10): 2219-2225.

[10] 王玲. 中国南方水稻纹枯菌和稻瘟菌种群遗传多样性及遗传结构的研究[D]. 扬州: 扬州大学, 2015.

[11] 吴志明, 李昆太. 水稻纹枯病的危害及其微生物防治概述[J]. 生物灾害科学, 2018, 41(2): 81-88.

[12] 章帅文, 杨勇, 李昆太. 水稻纹枯病的突发与防治概述[J]. 生物灾害科学, 2019, 42(2): 87-91.

[13] PARMETER J R, SHERWOOD R T, PLATT W D. Anastomosis grouping among isolates of Thanatephorus cucumeris[J]. Phytopathology, 1969, 59: 1270-1278.

[14] OGOSHI A. Ecology and pathogenicity of anastomosis and intraspecific groups of

Rhizoctonia solani Kuhn[J]. Annual review of phytopathology，1987，25：125-143.

[15] GHOSH S，KANWAR P，JHA G. Identification of candidate pathogenicity determinants of Rhizoctonia solani AG1-IA，which causes sheath blight disease in rice [J]. Current genetics，2018，64(3)：729-740.

[16] GUILLEMAUT C，EDEL-HERMANN V，CAMPOROTA P，et al. Typing of anastomosis groups of Rhizoctonia solani by restriction analysis of ribosomal DNA [J]. Canadian journal of microbiology，2003，49(9)：556-568.

[17] MISAWA T，KUROSE D. Anastomosis group and subgroup identification of Rhizoctonia solani strains deposited in NARO Genebank，Japan[J]. Journal of general plant pathology，2019，85(4)：282-294.

[18] ICHIELEVICH-AUSTER M，SNEH B，KOLTIN Y，et al. Pathogenicity，host specificity and anastomosis groups ofRhizoctonia spp. isolated from soils in Israel [J]. Phytoparasitica，1985，13(2)：103-112.

[19] WISEMAN B M，NEATE S M，KELLER K O，et al. Suppression of Rhizoctonia solani anastomosis group 8 in Australia and its biological nature[J]. Soil biology and biochemistry，1996，28(6)：727-732.

[20] 王爱军，王娜，顾思思，等.我国水稻纹枯病菌的融合类群及致病性差异[J].草业学报，2018，27(7)：55-63.

[21] 王玲，左示敏，张亚芳，等.中国南方八省（自治区）水稻纹枯病菌群体遗传结构的 SSR 分析[J].中国农业科学，2015，48(13)：2538-2548.

[22] 刘畅.辽宁省水稻纹枯病菌主要生物学性状分析及防控技术研究[D].沈阳：沈阳农业大学，2018.

[23] 陈涛，张震，柴荣耀，等.浙江省水稻纹枯病菌的遗传分化与致病力研究[J].中国水稻科学，2010，24(1)：67-72.

[24] 邹成佳，唐芳，杨媚，等.华南 3 省(区)水稻纹枯病菌的生物学性状与致病力分化研究[J].中国水稻科学，2011，25(2)：206-212.

[25] 吴荷芳.江苏省水稻纹枯病菌致病力分化及其遗传多样性研究[D].南京：南京农业大学，2012.

[26] 王银钰，李青，杨成德，等.甘肃省安定区马铃薯黑痣病病菌菌丝融合群鉴定及其越冬能力初探[J].中国植保导刊，2020，40(6)：11-16.

[27] 王伟娟.河北省棉花立枯丝核菌菌丝融合群及其再分化的研究[D].保定：河北农业大学，2010.

[28] 方正，陈怀谷，陈厚德，等.江苏省小麦纹枯病病原组成及其致病力研究[J].麦类作物学报，2006，26(1)：117-120.

［29］喻大昭，杨小军，杨立军.湖北省小麦纹枯病病原菌菌丝融合群研究[J].湖北农业科学，2000，39(3)：39-42.

［30］张俊华，常浩，牟明，等.黑龙江省水稻纹枯病菌菌丝融合群判定及遗传多样性分析[J].东北农业大学学报，2017，48(2)：20-28.

［31］张优，魏松红，王海宁，等.东北地区水稻纹枯病菌遗传多样性和致病性分析[J].沈阳农业大学学报，2017，48(1)：9-14.

［32］王英，张浩，马军韬，等.黑龙江省水稻纹枯病的现状与预防[J].黑龙江农业科学，2017(11)：109-112.

［33］杨迎青，杨媚，兰波，等.水稻纹枯病菌致病机理的研究进展[J].中国农学通报，2014，30(28)：245-250.

［34］李雪婷，徐梦亚，郑少兵，等.水稻纹枯病研究进展[J].长江大学学报(自科版)，2017，14(14)：15-18.

［35］陈兵，王坤元，董国强，等.水稻纹枯病菌致病性与酶活力的关系[J].浙江农业学报，1992，4(1)：8-14.

［36］张红，陈夕军，童蕴慧，等.纹枯病菌胞壁降解酶对水稻组织和细胞的破坏作用[J].扬州大学学报(农业与生命科学版)，2005，26(4)：83-86.

［37］陈夕军，张红，徐敬友，等.水稻纹枯病菌胞壁降解酶的产生及致病作用[J].江苏农业学报，2006，22(1)：24-28.

［38］杨媚，杨迎青，郑丽，等.水稻纹枯病菌细胞壁降解酶组分分析、活性测定及其致病作用[J].中国水稻科学，2012，26(5)：600-606.

［39］许月，魏松红，王海宁，等.水稻纹枯病菌及毒素的寄主抗性响应差异[J].沈阳农业大学学报，2018，49(4)：385-392.

［40］VIDHYASEKARAN P, PONMALAR T R, SAMIYAPPAN R, et al. Host-specific toxin production by Rhizoctonia solani, the rice sheath blight pathogen[J]. Phytopathology, 1997, 87(12)：1258-1263.

［41］SRIRAM S, RAGUCHANDER T, BABU S, et al. Inactivation of phytotoxin produced by the rice sheath blight pathogen Rhizoctonia solani[J]. Canadian journal of microbiology, 2000, 46(6)：520-524.

［42］ALIFERIS K A, JABAJI S. Metabolite composition and bioactivity of Rhizoctonia solani sclerotial exudates[J]. Journal of agricultural and food chemistry, 2010, 58(13)：7604-7615.

［43］BARTZ F E, GLASSBROOK N J, DANEHOWER D A, et al. Elucidating the role of the phenylacetic acid metabolic complex in the pathogenic activity of Rhizoctonia solani anastomosis group 3[J]. Mycologia, 2012, 104(4)：793-803.

［44］陈夕军，潘存红，孟令军，等.水稻纹枯病菌毒素提纯及其组分初步分析[J].扬州

大学学报(农业与生命科学版)，2011，32(1)：44-48.

[45] RIOUX R，MANMATHAN H，SINGH P，et al. Comparative analysis of putative pathogenesis-related gene expression in two Rhizoctonia solani pathosystems[J]. Current genetics，2011，57(6)：391-408.

[46] ZHENG A P，LIN R M，ZHANG D H，et al. The evolution and pathogenic mechanisms of the rice sheath blight pathogen[J]. Nature communications，2013，4：1424.

[47] 王玲.中国南方水稻纹枯菌和稻瘟菌种群遗传多样性及遗传结构的研究[D].扬州：扬州大学，2015.

[48] 左示敏，陈天晓，邹杰，等.水稻不同类群品种间的纹枯病抗性评价和抗病新种质筛选[J].植物病理学报，2014，44(6)：658-670.

[49] 杨晓贺，魏松红，顾鑫，等.东北地区水稻种质资源抗纹枯病研究初报[J].植物保护，2020，46(6)：205-208.

[50] 陈宸，张坤，丁涛，等.24％丙硫·戊唑醇悬浮剂的研制及其对稻麦纹枯病的防治效果[J].农药学学报，2021，23(3)：578-586.

[51] 俞寅达，孙婳珺，夏志辉.水稻纹枯病生物防控研究进展[J].分子植物育种，2019，17(2)：600-605.

[52] 周华飞，杨红福，姚克兵，等.FliZ 调控枯草芽孢杆菌 Bs916 生物膜形成及其对水稻纹枯病的防治效果[J].中国农业科学，2020，53(1)：55-64.

[53] 程妍，曲玮茵，郑文博，等.克里本类芽孢杆菌 PS04 诱导水稻抗病相关基因的表达分析[J].华北农学报，2020，35(2)：203-209.

[54] SURYAWANSHI P，KRISHNARAJ P，SURYAWANSHI M. Evaluation of actinobacteria for biocontrol of sheath blight in rice[J]. Journal of Pharmacognosy and Phytochemistry，2020，9(3)：371-376.

[55] 郑少兵，孙正祥，徐梦亚.解淀粉芽胞杆菌 YU-1 对水稻纹枯病的防治作用[J].植物保护，2020，46(4)：275-281.

[56] 陈刘军，俞仪阳，王超，等.蜡质芽孢杆菌 AR156 防治水稻纹枯病机理初探[J].中国生物防治学报，2014，30(1)：107-112.

[57] 邹丽文，李婷婷，付波，等.木霉菌·芽孢杆菌混剂对水稻纹枯病的田间防治效果[J].上海交通大学学报(农业科学版)，2019，37(6)：1-5.

[58] MENTGES M，GLASENAPP A，BOENISCH M，et al. Infection cushions of Fusarium graminearum are fungal arsenals for wheat infection[J]. Molecular plant pathology，2020，21(8)：1070-1087.

[59] 伏荣桃.水稻稻曲菌的分离鉴定与分子研究及立枯丝核菌侵染和核型细胞学分析[D].雅安：四川农业大学，2014.

[60] 赵玳琳，卯婷婷，赵兴丽，等.草莓炭疽菌初期侵染过程显微观察[J].南方农业学报，2016，47(7)：1140-1145.

[61] 张晓林.胶孢炭疽菌侵染北京杨叶片的组织病理学研究[D].北京：北京林业大学，2018.

[62] 董章勇，王振中.植物病原真菌细胞壁降解酶的研究进展[J].湖北农业科学，2012，51(21)：4697-4700.

[63] 孙翠翠，黄彦，闫文晗，等.不同苹果组织对腐烂病菌产生细胞壁降解酶活性和毒素种类及水平的影响[J].青岛农业大学学报（自然科学版），2020，37(3)：190-194.

[64] 柯希望.黑腐皮壳侵染苹果的组织细胞学及转录组学研究[D].杨凌：西北农林科技大学，2013.

[65] SHARAFADDIN A H，HAMAD Y K，EL_KOMY M H，et al. Cell wall degrading enzymes and their impact on Fusarium proliferatum pathogenicity[J]. European journal of plant pathology，2019，155(3)：871-880.

[66] 雷红梅，赵沛基.真菌次生代谢产物挖掘策略研究进展[J].中国科学（生命科学），2019，49(7)：865-873.

[67] PRICE M S，YU J J，NIERMAN W C，et al. The aflatoxin pathway regulator AflR induces gene transcription inside and outside of the aflatoxin biosynthetic cluster[J]. FEMS microbiology letters，2006，255(2)：275-279.

[68] 傅敏.中国梨炭疽病病原种类多样性及果生刺盘孢与梨寄主的互作研究[D].武汉：华中农业大学，2019.

[69] PRADHAN A，GHOSH S，SAHOO D，et al. Fungal effectors, the double edge sword of phytopathogens[J]. Current genetics，2021，67(1)：27-40.

[70] VALENT B，KHANG C H. Recent advances in rice blast effector research[J]. Current opinion in plant biology，2010，13(4)：434-441.

[71] DAGDAS Y F，BELHAJ K，MAQBOOL A，et al. An effector of the Irish potato famine pathogen antagonizes a host autophagy cargo receptor[J]. eLife，2016，5：e10856.

[72] YUAN M H，NGOU B P M，DING P T，et al. PTI-ETI crosstalk：an integrative view of plant immunity[J]. Current opinion in plant biology，2021，62：102030.

[73] YUAN M H，JIANG Z Y，BI G Z，et al. Pattern-recognition receptors are required for NLR-mediated plant immunity[J]. Nature，2021，592(7852)：105-109.

[74] MA Z C，SONG T Q，ZHU L，et al. A Phytophthora sojae glycoside hydrolase 12 protein is a major virulence factor during soybean infection and is recognized as a PAMP[J]. The plant cell，2015，27(7)：2057-2072.

［75］ ZHANG L S, KARS I, ESSENSTAM B, et al. Fungal endopolygalacturonases are recognized as microbe-associated molecular patterns by the Arabidopsis receptor-like protein responsiveness to botrytis polygalacturonases1［J］. Plant physiology, 2014, 164(1): 352-364.

［76］ LIU W D, LIU J L, NING Y S, et al. Recent progress in understanding PAMP- and effector-triggered immunity against the rice blast fungus Magnaporthe oryzae ［J］. Molecular plant, 2013, 6(3): 605-620.

［77］ ZHANG L Q, HUANG X, HE C Y, et al. Novel fungal pathogenicity and leaf defense strategies are revealed by simultaneous transcriptome analysis of Colletotrichum fructicola and strawberry infected by this fungus［J］. Frontiers in plant science, 2018, 9: 434.

［78］ BOUTROT F, ZIPFEL C. Function, discovery, and exploitation of plant pattern recognition receptors for broad-spectrum disease resistance［J］. Annual review of phytopathology, 2017, 55: 257-286.

［79］ SHAMRAI S N. Plant immune system: basal immunity［J］. Cytology and genetics, 2014, 48(4): 258-271.

［80］ 汤春蕾. 条锈菌与小麦互作中效应蛋白及诱导寄主细胞坏死基因的鉴定与功能分析［D］. 杨凌: 西北农林科技大学, 2013.

［81］ DALIO R J D, PASCHOAL D, ARENA G D, et al. Hypersensitive response: From NLR pathogen recognition to cell death response［J］. Annals of applied biology, 2021, 178(2): 268-280.

［82］ JIN L R, CHEN D, LIAO S J, et al. Transcriptome analysis reveals downregulation of virulence-associated genes expression in a low virulence Verticillium dahliae strain［J］. Archives of microbiology, 2019, 201(7): 927-941.

［83］ 舒新月, 江波, 马丽, 等. 不同侵染时间点稻粒黑粉病菌的转录组分析［J］. 草业学报, 2020, 29(9): 190-202.

［84］ SOMANI D, ADHAV R, PRASHANT R, et al. Transcriptomics analysis of propiconazole-treated Cochliobolus sativus reveals new putative azole targets in the plant pathogen［J］. Functional & integrative genomics, 2019, 19(3): 453-465.

［85］ 吴佳, 李惠中, 邓权清, 等. 甘蔗鞭黑粉菌致病力差异菌株转录组分析［J］. 华中农业大学学报, 2020, 39(3): 54-59.

［86］ 张贺平. 小麦条锈菌产孢转录组分析［J］. 山西农业科学, 2020, 48(2): 131-135.

［87］ SHU C W, ZHAO M, ANDERSON J P, et al. Transcriptome analysis reveals molecular mechanisms of sclerotial development in the rice sheath blight pathogen Rhizoctonia solani AG1-IA［J］. Functional & integrative genomics, 2019, 19(5):

743-758.

［88］ZRENNER R，GENZEL F，VERWAAIJEN B，et al. Necrotrophic lifestyle of Rhizoctonia solani AG3-PT during interaction with its host plant potato as revealed by transcriptome analysis［J］. Scientific reports，2020，10(1)：12574.

［89］COPLEY T R，DUGGAVATHI R，JABAJI S. The transcriptional landscape of Rhizoctonia solani AG1-IA during infection of soybean as defined by RNA-seq［J］. PLoS One，2017，12(9)：e0184095.

［90］ZHU C，AI L，WANG L，et al. De novo transcriptome analysis of Rhizoctonia solani Ag1 IA strain early invasion in Zoysia japonica root［J］. Frontiers in microbiology，2016，7：708

［91］MOHANTA T K，MOHANTA N，PARIDA P，et al. Genome-wide identification of mitogen-activated protein kinase gene family across fungal lineage shows presence of novel and diverse activation loop motifs［J］. PLoS One，2016，11(2)：e0149861.

［92］STEPIENŃ L，LALAK-KANCZUGOWSKA J. Signaling pathways involved in virulence and stress response of plant-pathogenic Fusarium species［J］. Fungal biology reviews，2021，35：27-39.

［93］巩校东，张晓玉，田兰，等. 玉米大斑病菌 MAPK 超家族的全基因组鉴定及途径模型建立［J］. 中国农业科学，2014，47(9)：1715-1724.

［94］ÇAKR B，KLÇKAYA O. Mitogen-activated protein kinase cascades in Vitis vinifera［J］. Frontiers in plant science，2015，6：556.

［95］DURANT M，ROESNER J M，MUCELLI X，et al. The Smk1 MAPK and its activator，Ssp2，are required for late prospore membrane development in sporulating Saccharomyces cerevisiae［J］. Journal of fungi，2021，7(1)：53.

［96］SARIKI S K，KUMAWAT R，SINGH V，et al. Flocculation of Saccharomyces cerevisiae is dependent on activation of Slt2 and Rlm1 regulated by the cell wall integrity pathway［J］. Molecular microbiology，2019，112(4)：1350-1369.

［97］TAKAYAMA T，YAMAMOTO K，SAITO H，et al. Interaction between the transmembrane domains of Sho1 and Opy2 enhances the signaling efficiency of the Hog1 MAP kinase cascade in Saccharomyces cerevisiae［J］. PLoS One，2019，14(1)：e0211380.

［98］LENG Y Q，ZHONG S B. The role of mitogen-activated protein (MAP) kinase signaling components in the fungal development，stress response and virulence of the fungal cereal pathogen Bipolaris sorokiniana［J］. PLoS One，2015，10(5)：e0128291.

[99] XIONG Q，XU J，ZHAO Y，et al. CtPMK1，a mitogen-activated-protein kinase gene，is required for conidiation，appressorium formation，and pathogenicity of Colletotrichum truncatum on soybean[J]. Annals of applied biology，2015，167 (1)：63-74.

[100] FERNANDES T R，SÁNCHEZ SALVADOR E，TAPIA Á G，et al. Dual-specificity protein phosphatase Msg5 controls cell wall integrity and virulence in Fusarium oxysporum[J]. Fungal genetics and biology，2021，146：103486.

[101] ZHAO X H，MEHRABI R，XU J R. Mitogen-activated protein kinase pathways and fungal pathogenesis[J]. Eukaryotic cell，2007，6(10)：1701-1714.

[102] WINTERS M J，PRYCIAK P M. MAPK modulation of yeast pheromone signaling output and the role of phosphorylation sites in the scaffold protein Ste5[J]. Molecular biology of the cell，2019，30(8)：1037-1049.

[103] SCHWARTZ M A，MADHANI H D. Principles of MAP kinase signaling specificity in Saccharomyces cerevisiae[J]. Annual review of genetics，2004，38：725-748.

[104] XU J R. MAP kinases in fungal pathogens[J]. Fungal genetics and biology，2000，31(3)：137-152

[105] XU J R，HAMER J E. MAP kinase and cAMP signaling regulate infection structure formation and pathogenic growth in the rice blast fungus Magnaporthe grisea [J]. Genes & development，1996，10(21)：2696-2706.

[106] BREFORT T，DOEHLEMANN G，MENDOZA-MENDOZA A，et al. Ustilago maydis as a pathogen[J]. Annual review of phytopathology，2009，47：423-445

[107] SAKAGUCHI A，TSUJI G，KUBO Y. A yeast STE11 homologue CoMEKK1 is essential for pathogenesis-related morphogenesis in Colletotrichum orbiculare[J]. Molecular plant-microbe interactions，2010，23(12)：1563-1572.

[108] TAKANO Y，KIKUCHI T，KUBO Y，et al. The Colletotrichum lagenarium MAP kinase gene CMK1 regulates diverse aspects of fungal pathogenesis[J]. Molecular plant-microbe interactions，2000，13(4)：374-383

[109] COUSIN A，MEHRABI R，GUILLEROUX M，et al. The MAP kinase-encoding gene MgFus3 of the non-appressorium phytopathogen Mycosphaerella graminicola is required for penetration and in vitro pycnidia formation[J]. Molecular plant pathology，2006，7(4)：269-278.

[110] SOLOMON P S，WATERS O D C，SIMMONDS J，et al. The Mak2 MAP kinase signal transduction pathway is required for pathogenicity in Stagonospora nodorum[J]. Current genetics，2005，48(1)：60-68.

[111] HOHMANN S, KRANTZ M, NORDLANDER B. Yeast osmoregulation[J]. Methods in enzymology, 2007, 428: 29-45.

[112] BILSLAND E, MOLIN C, SWAMINATHAN S, et al. Rck1 and Rck2 MAP-KAP kinases and the HOG pathway are required for oxidative stress resistance [J]. Molecular microbiology, 2004, 53(6): 1743-1756.

[113] 祝春晓. 芸薹生链格孢 AbPbs2 基因功能及下游 MAPK 锚定作用位点的研究[D]. 泰安:山东农业大学, 2015.

[114] GU Q, CHEN Y, LIU Y, et al. The transmembrane protein FgSho1 regulates fungal development and pathogenicity via the MAPK module Ste50-Ste11-Ste7 in Fusarium graminearum[J]. The new phytologist, 2015, 206(1): 315-328.

[115] 张楠, 柳志强, 吴曼莉, 等. 胶孢炭疽菌 CgSho1 基因的克隆与功能分析[J]. 植物病理学报, 2017, 47(1): 40-49.

[116] 冯霞, 林春花, 康迅, 等. 橡胶树白粉病菌 OhPbs2 的克隆及功能分析[J]. 中国农业科学, 2017, 50(1): 77-85.

[117] 毛超, 陈平亚, 戴青冬, 等. 香蕉枯萎病菌中 Hog1 MAPK 同源基因 FoHog1 敲除突变体的生物学特性[J]. 微生物学报, 2014, 54(11): 1267-1278.

[118] DIXON K P, XU J R, SMIRNOFF N, et al. Independent signaling pathways regulate cellular turgor during hyperosmotic stress and appressorium-mediated plant infection by Magnaporthe grisea[J]. The plant cell, 1999, 11(10): 2045-2058.

[119] 王梅娟, 李坡, 吴敏, 等. 高渗胁迫对玉米大斑病菌生长发育及 STK1 表达的影响[J]. 中国农业科学, 2012, 45(19): 3965-3970.

[120] MA D M, LI R Y. Current understanding of HOG-MAPK pathway in Aspergillus fumigatus[J]. Mycopathologia, 2013, 175(1/2): 13-23.

[121] GARCÍA R, PULIDO V, ORELLANA-MUÑOZ S, et al. Signalling through the yeast MAPK Cell Wall Integrity pathway controls P-body assembly upon cell wall stress[J]. Scientific reports, 2019, 9(1): 3186.

[122] 夏婧, 蒋伶活. 镉胁迫下蛋白磷酸酯酶 Msg5 对 MAPK 蛋白激酶 Slt2 的调控[J]. 微生物学杂志, 2016, 36(6): 17-23.

[123] HEINISCH J J. Baker's yeast as a tool for the development of antifungal kinase inhibitors: Targeting protein kinase C and the cell integrity pathway[J]. Biochimica et biophysica acta, 2005, 1754(1/2): 171-182.

[124] JUNG U S, SOBERING A K, ROMEO M J, et al. Regulation of the yeast Rlm1 transcription factor by the Mpk1 cell wall integrity MAP kinase[J]. Molecular microbiology, 2002, 46(3): 781-789.

[125] LENG G, SONG K. Direct interaction of Ste11 and Mkk1/2 through Nst1 integrates high-osmolarity glycerol and pheromone pathways to the cell wall integrity MAPK pathway[J]. FEBS letters, 2016, 590(1): 148-160.

[126] XU J R, STAIGER C J, HAMER J E. Inactivation of the mitogen-activated protein kinase Mps1 from the rice blast fungus prevents penetration of host cells but allows activation of plant defense responses[J]. Proceedings of the national academy of sciences of the United States of America, 1998, 95(21): 12713-12718.

[127] KOJIMA K, KIKUCHI T, TAKANO Y, et al. The mitogen-activated protein kinase gene MAF1 is essential for the early differentiation phase of appressorium formation in Colletotrichum lagenarium [J]. Molecular plant-microbe interactions, 2002, 15(12): 1268-1276.

[128] MEY G, HELD K, SCHEFFER J, et al. CPMK2, an SLT2-homologous mitogen-activated protein (MAP) kinase, is essential for pathogenesis of Claviceps purpurea on rye: Evidence for a second conserved pathogenesis-related MAP kinase cascade in phytopathogenic fungi[J]. Molecular microbiology, 2002, 46(2): 305-318.

[129] HOU Z M, XUE C Y, PENG Y L, et al. A mitogen-activated protein kinase gene (MGV1) in Fusarium graminearum is required for female fertility, heterokaryon formation, and plant infection[J]. Molecular plant-microbe interactions, 2002, 15(11): 1119-1127.

[130] 王嘉渊, 陈捷. 玉米弯孢叶斑病菌 Clm1 基因的克隆及其功能验证[J]. 植物病理学报, 2011, 41(5): 464-472.

[131] MEHRABI R, VAN DER LEE T, WAALWIJK C, et al. MgSlt2, a cellular integrity MAP kinase gene of the fungal wheat pathogen Mycosphaerella graminicola, is dispensable for penetration but essential for invasive growth[J]. Molecular plant-microbe interactions, 2006, 19(4): 389-398.

[132] WEI W, XIONG Y, ZHU W J, et al. Colletotrichum higginsianum mitogen-activated protein kinase ChMK1: Role in growth, cell wall integrity, colony melanization, and pathogenicity[J]. Frontiers in microbiology, 2016, 7: 1212.

[133] YAGO J I, LIN C H, CHUNG K R. The SLT2 mitogen-activated protein kinase-mediated signalling pathway governs conidiation, morphogenesis, fungal virulence and production of toxin and melanin in the tangerine pathotype of Alternaria alternata[J]. Molecular plant pathology, 2011, 12(7): 653-665.

[134] PUJOL-CARRION N, PETKOVA M I, SERRANO L, et al. The MAP kinase Slt2 is involved in vacuolar function and actin remodeling in Saccharomyces cere-

visiae mutants affected by endogenous oxidative stress[J]. Applied and environ-mental microbiology, 2013, 79(20): 6459-6471.

[135] 范文艳, 文景芝, 金丽娜, 等. 黑龙江省水稻纹枯病菌的致病力分化与 AFLP 分析 [J]. 植物保护, 2008, 34(6): 57-61.

[136] 范文艳, 文景芝, 马建, 等. 水稻纹枯病菌胞外蛋白酶特性研究[J]. 植物保护, 2010, 36(4): 55-59.

[137] GRABHERR M G, HAAS B J, YASSOUR M, et al. Full-length transcriptome assembly from RNA-Seq data without a reference genome[J]. Nature biotechnol-ogy, 2011, 29(7): 644-652.

[138] ALTSCHUL S F, MADDEN T L, SCHÄFFER A A, et al. Gapped BLAST and PSI-BLAST: a new generation of protein database search programs[J]. Nucleic acids research, 1997, 25(17): 3389-3402.

[139] DENG Y, JIANQI L, SONGFENG W, et al. Integrated nr database in protein annotation system and its localization[J]. Computer Engineering Italic, 2006, 25 (4): 71-74.

[140] APWEILER R, BAIROCH A, WU C H, et al. UniProt: The universal protein knowledgebase[J]. Nucleic acids research, 2004, 32(suppl 1): D115-D119.

[141] ASHBURNER M, BALL C A, BLAKE J A, et al. Gene ontology: Tool for the unification of biology. The Gene Ontology Consortium [J]. Nature genetics, 2000, 25(1): 25-29.

[142] TATUSOV R L, GALPERIN M Y, NATALE D A, et al. The COG database: A tool for genome-scale analysis of protein functions and evolution[J]. Nucleic acids research, 2000, 28(1): 33-36.

[143] KOONIN E V, FEDOROVA N D, JACKSON J D, et al. A comprehensive evo-lutionary classification of proteins encoded in complete eukaryotic genomes[J]. Genome biology, 2004, 5(2): R7.

[144] HUERTA-CEPAS J, SZKLARCZYK D, FORSLUND K, et al. eggNOG 4. 5: A hierarchical orthology framework with improved functional annotations for eu-karyotic, prokaryotic and viral sequences[J]. Nucleic acids research, 2016, 44 (D1): D286-D293.

[145] KANEHISA M. The KEGG resource for deciphering the genome[J]. Nucleic acids research, 2004, 32(90001): 277-280.

[146] XIE C, MAO X Z, HUANG J J, et al. KOBAS 2. 0: a web server for annotation and identification of enriched pathways and diseases[J]. Nucleic acids research, 2011, 39(Web Server issue): W316-W322.

[147] EDDY S R. Profile hidden Markov models[J]. Bioinformatics, 1998, 14(9): 755-763.

[148] FINN R D, BATEMAN A, CLEMENTS J, et al. Pfam: the protein families database[J]. Nucleic acids research, 2014, 42(D1): D222-D230.

[149] WANG L K, FENG Z X, WANG X, et al. DEGseq: an R package for identifying differentially expressed genes from RNA-seq data[J]. Bioinformatics, 2010, 26(1): 136-138.

[150] KANEHISA M, ARAKI M, GOTO S, et al. KEGG for linking genomes to life and the environment[J]. Nucleic acids research, 2008, 36(Database issue): D480-D484.

[151] 李瑞琴, 刘星, 邱慧珍, 等. 发生马铃薯立枯病土壤中立枯丝核菌的荧光定量 PCR 快速检测[J]. 草业学报, 2013, 22(5): 136-144.

[152] TAMURA K, STECHER G, PETERSON D, et al. MEGA6: molecular evolutionary genetics analysis version 6.0[J]. Molecular biology and evolution, 2013, 30(12): 2725-2729

[153] 朱名海, 彭丹丹, 舒灿伟, 等. 海南南繁区水稻纹枯病菌的遗传多样性与致病力分化[J]. 中国水稻科学, 2019, 33(2): 176-185.

[154] 张照茹, 魏松红, 杨晓贺, 等. 中国东北地区水稻纹枯病病原菌种类及融合群的分子鉴定[J]. 植物保护, 2019, 45(6): 283-287.

[155] 张俊华, 沃三超, 杨明秀, 等. 东北地区水稻纹枯病菌致病性及遗传多样性分析[J]. 东北农业大学学报, 2019, 50(11): 1-10.

[156] HAN Y, LIU X, BENNY U, et al. Genes determining pathogenicity to pea are clustered on a supernumerary chromosome in the fungal plant pathogen Nectria haematococca[J]. The plant journal, 2001, 25(3): 305-314.

[157] NELSON D R. Progress in tracing the evolutionary paths of cytochrome P450[J]. Biochimica et biophysica acta (BBA) - proteins and proteomics, 2011, 1814(1): 14-18.

[158] SON H, SEO Y S, MIN K, et al. A phenome-based functional analysis of transcription factors in the cereal head blight fungus, Fusarium graminearum[J]. PLoS pathogens, 2011, 7(10): e1002310.

[159] CHEN L L, ZHAO J Y, XIA H Q, et al. FpCzf14 is a putative C_2H_2 transcription factor regulating conidiation in Fusarium pseudograminearum[J]. Phytopathology research, 2020, 2(1): 33.

[160] KIM S, HU J N, OH Y, et al. Combining ChIP-chip and expression profiling to model the MoCRZ1 mediated circuit for Ca/calcineurin signaling in the rice blast

fungus[J]. PLoS pathogens, 2010, 6(5): e1000909.

[161] COHEN L A, DONALDSON J G. Analysis of Arf GTP-binding protein function in cells[J]. Current protocols in cell biology, 2010, Chapter 3: Unit14. 12. 1-U-nit14. 1217.

[162] BELLIENY-RABELO D, PRETORIUS W J S, MOLELEKI L N. Novel two-component system-like elements reveal functional domains associated with re-striction-modification systems and paraMORC ATPases in bacteria[J]. Genome biology and evolution, 2021, 13(3): evab024.

[163] LI X, LV X, LIN Y P, et al. Role of two-component regulatory systems in intra-cellular survival of Mycobacterium tuberculosis[J]. Journal of cellular biochemis-try, 2019, 120(8): 12197-12207.

[164] PAO G M, JR SAIER M H. Response regulators of bacterial signal transduction systems: selective domain shuffling during evolution[J]. Journal of molecular e-volution, 1995, 40(2): 136-154

[165] 王荣波, 陈姝樽, 刘裴清, 等. 荔枝霜疫霉中双组分信号传导系统的鉴定与表达分析[J]. 植物病理学报, 2020, 50(1): 49-59.

[166] ZHANG H F, LIU K Y, ZHANG X, et al. A two-component histidine kinase, MoSLN1, is required for cell wall integrity and pathogenicity of the rice blast fungus, Magnaporthe oryzae[J]. Current genetics, 2010, 56(6): 517-528.

[167] DUAN Y B, GE C Y, LIU S M, et al. A two-component histidine kinase Shk1 controls stress response, sclerotial formation and fungicide resistance in Sclero-tinia sclerotiorum[J]. Molecular plant pathology, 2013, 14(7): 708-718.

[168] LILLY W W, STAJICH J E, PUKKILA P J, et al. An expanded family of fung-alysin extracellular metallopeptidases of Coprinopsis cinerea[J]. Mycological re-search, 2008, 112(3): 389-398.

[169] ZHANG X K, WANG Y C, CHI W Y, et al. Metalloprotease genes of Tricho-phyton mentagrophytes are important for pathogenicity[J]. Medical mycology, 2014, 52(1): 36-45.

[170] 曹永佳, 马鸿飞, 崔宝凯, 等. 不同固体发酵培养基下三种白腐真菌分泌的木质纤维素酶活性[J]. 菌物学报, 2021, 40(5): 1123-1139.

[171] 刘宁, 贾慧, 申坤, 等. 真菌漆酶: 多样的生物学功能及复杂的天然底物[J]. 农业生物技术学报, 2020, 28(2): 333-341.

[172] MA S X, CAO K K, LIU N, et al. The StLAC2 gene is required for cell wall in-tegrity, DHN-melanin synthesis and the pathogenicity of Setosphaeria turcica [J]. Fungal biology, 2017, 121(6/7): 589-601.

[173] 吕学良.比较基因组、转录组和基因功能研究揭示核盘菌致病和发育的分子机理[D].武汉：华中农业大学，2015.

[174] 梁甜甜，王亦婧，程晓婕，等.Zn(Ⅱ)₂Cys6 锌指转录因子的结构和功能研究进展[J].江西科技师范大学学报，2019(6)：96-98.

[175] 赵诣，田桢，康福思，等.木霉菌基因组热激转录因子家族基因特性[J].吉林农业大学学报，2020，42(6)：612-622.

[176] 杜红艳，庞胜群，王海琪，等.番茄 type Ⅱ 型 MADS-box 基因家族生物信息学分析[J].分子植物育种，2020，18(20)：6618-6625.

[177] MOHAMMADI N，MEHRABI R，MIRZADI GOHARI A，et al. MADS-box transcription factor ZtRlm1 is responsible for virulence and development of the fungal wheat pathogen Zymoseptoria tritici[J]. Frontiers in microbiology，2020，11：1976.

[178] 宋凤琴，高晓庆，梁林林，等.Homeobox 转录因子对黄曲霉生长和毒素合成的影响[J].菌物学报，2020，39(3)：566-580.

[179] 盖云鹏.链格孢菌比较基因组及 bZIP 转录因子功能研究[D].杭州：浙江大学，2019.

[180] 张楠，胡坚，柳志强，等.胶孢炭疽菌寡肽转运蛋白 CgOPT2 的生物学功能[J].基因组学与应用生物学，2018，37(8)：3387-3393.

[181] 张颖颖，严杰，葛玉梅.细菌胞外金属蛋白酶及其致病作用的研究进展[J].中华微生物学和免疫学杂志，2017，37(2)：161-164.

[182] HUNG C Y，SESHAN K R，YU J J，et al. A metalloproteinase of Coccidioides posadasii contributes to evasion of host detection[J]. Infection and immunity，2005，73(10)：6689-6703

[183] 潘云军.草酸青霉氮代谢及其调控的初步研究[D].济南：山东大学，2019.

[184] LEE I R，MORROW C A，FRASER J A. Nitrogen regulation of virulence in clinically prevalent fungal pathogens[J]. FEMS microbiology letters，2013，345(2)：77-84.

[185] 冯向阳.稻瘟病菌 MoMET3 和 MoNSR1 的基因功能分析[D].杭州：浙江农林大学，2017.

[186] SAINT-MACARY M E，BARBISAN C，GAGEY M J，et al. Methionine biosynthesis is essential for infection in the rice blast fungus Magnaporthe oryzae[J]. PLoS One，2015，10(4)：e0111108.

[187] ALTWASSER R，BALDIN C，WEBER J，et al. Network modeling reveals cross talk of MAP kinases during adaptation to caspofungin stress in Aspergillus fumigatus[J]. PLoS One，2015，10(9)：e0136932.

[188] FRAWLEY D，BAYRAM Ö. The pheromone response module，a mitogen-acti-vated protein kinase pathway implicated in the regulation of fungal development，secondary metabolism and pathogenicity[J]. Fungal genetics and biology，2020，144：103469.

[189] WIBBERG D，JELONEK L，RUPP O，et al. Establishment and interpretation of the genome sequence of the phytopathogenic fungus Rhizoctonia solani AG1-IB i-solate 7/3/14[J]. Journal of biotechnology，2013，167(2)：142-155.

[190] THOMAS E，PAKALA S，FEDOROVA N D，et al. Triallelic SNP-mediated genotyping of regenerated protoplasts of the heterokaryotic fungus Rhizoctonia solani[J]. Journal of biotechnology，2012，158(3)：144-150.

[191] HANE J K，ANDERSON J P，WILLIAMS A H，et al. Genome sequencing and comparative genomics of the broad host-range pathogen Rhizoctonia solani AG8 [J]. PLoS genetics，2014，10(5)：e1004281

[192] GHOSH S，GUPTA S K，JHA G. Identification and functional analysis of AG1-IA specific genes of Rhizoctonia solani[J]. Current genetics，2014，60(4)：327-341

[193] 侯彬彬，刘霞，张振颖，等.参与真菌形态及毒力形成的信号传导通路的研究进展[J].中国真菌学杂志，2015，10(4)：241-244.

[194] ZHAO X H，KIM Y，PARK G，et al. A mitogen-activated protein kinase cascade regulating infection-related morphogenesis in Magnaporthe grisea[J]. The plant cell，2005，17(4)：1317-1329.

[195] MADHANI H D，STYLES C A，FINK G R. MAP kinases with distinct inhibito-ry functions impart signaling specificity during yeast differentiation[J]. Cell，1997，91(5)：673-684.

[196] LEE J，REITER W，DOHNAL I，et al. MAPK Hog1 closes the S. cerevisiae glycerol channel Fps1 by phosphorylating and displacing its positive regulators [J]. Genes & development，2013，27(23)：2590-2601

[197] SILVA L P，FRAWLEY D，ASSIS L J，et al. Putative membrane receptors con-tribute to activation and efficient signaling of mitogen-activated protein kinase cascades during adaptation of Aspergillus fumigatus to different stressors and carbon sources[J]. mSphere，2020，5(5)：e00818-e00820.

[198] LIU J，WANG Z K，SUN H H，et al. Characterization of the Hog1 MAPK path-way in the entomopathogenic fungus Beauveria bassiana[J]. Environmental mi-crobiology，2017，19(5)：1808-1821

[199] LIN C H，CHUNG K R. Specialized and shared functions of the histidine kinase-

and HOG1 MAP kinase-mediated signaling pathways in Alternaria alternata, a filamentous fungal pathogen of citrus[J]. Fungal genetics and biology, 2010, 47 (10): 818-827.

[200] YONG H Y, BAKAR F D A, ILLIAS R M, et al. Cgl-SLT2 is required for appressorium formation, sporulation and pathogenicity in Colletotrichum gloeosporioide[J]. Brazilian journal of microbiology, 2013, 44(4): 1241-1250.

[201] 巩校东, 王玥, 张盼, 等. 玉米大斑病菌 MAPK 基因 StIME2 的基因组定位、蛋白质结构预测及表达分析[J]. 中国农业科学, 2015, 48(13): 2549-2558.

[202] HAMEL L P, NICOLE M C, DUPLESSIS S, et al. Mitogen-activated protein kinase signaling in plant-interacting fungi: Distinct messages from conserved messengers[J]. The plant cell, 2012, 24(4): 1327-1351.

[203] 杨系玲, 姜述君, 马婧, 等. 水稻纹枯病菌 MAPK 级联信号途径分析及信号通路模型预测[J]. 中国农业科技导报, 2017, 19(12): 24-33.

[204] YANG X L, JIANG S J, MA J, et al. Expression pattern of cAMP-dependent protein kinase a genes from Rhizoctonia solani and response to various abiotic factors during sclerotia formation[J]. Fresenius Environmental Bulletin, 2022, 31 (6A): 6086-6095.

[205] YANG X L, JIANG S J, MA J, et al. Transcriptome analysis of selective infection of Rhizoctonia solani AG 5[J]. Fresenius Environmental Bulletin, 2022, 31 (6A):6452-6460.